翻轉學

翻轉學

翻轉學

翻轉學

專注做事精簡做人的極簡工作法

聚焦四種職場關係，做關鍵重要的事，不拖泥帶水，過快意人生

張思宏（Peter哥）——著

目錄

PART 2

與同事高效連結，擁有職場能見度

PART 3

對下屬知人賦能，創造集體高價值

PART 4 對客戶忠言順耳，經營長遠的關係

好評推薦

「一本書或一門課是否值得學習，最關鍵的不是看老師有多帥氣，也不是看他詞藻有多華美或者授課技巧多好，而是看這個人值不值得信任，是否真有『權威性』。『權威性』的來源就是他取得的成就。Peter 老師用自身的職場經驗，幾乎完美地詮釋了這一點。」

——李發海，邏輯思維督學／益策教育創始人

「最早認識 Peter 還是因為邀請他入駐領英（LinkedIn）擔任專欄作家，當時頗為好奇為何他的職場文章能有如此之高的閱讀量和讀者好評，等到見面吃了頓日本料理再加上一番詳談，才真切地體會了『職場的一股清流』（讀者評論）意為何指。有趣只是他的皮囊，思想才是其深刻的內涵，看完這本書你就會懂得這句話的涵義了。」

——沈博陽，彈殼公寓執行董事長／前領英全球副總裁兼領英中國總裁／糯米網創始人

「第一次見張思宏老師時，他身上的『外企精英導師風範』讓我有些不適應。沒辦法，誰讓他曾經是戴爾和亞馬遜中國區的副總裁，還擔任幾所商學院的碩士生導師呢？後來他不僅成為我的朋友，還在我心中便成了一個真誠、睿智、熱心的良師。和他聊天很愉快，而且很受啟發。我相信，你在看這本書時，也會和我有同樣的感受。」

——陳雪頻，智慧雲創始合夥人／小村資本合夥人

「想要到如何成為『職業網紅』嗎？找 Peter 學就對了！我是從朋友圈的爆紅文章開始認識 Peter 的，當時就覺得他對外企和民企的生存環境都有著深刻的洞察。沒想到來他走上了職業網紅之路，從上自由的內心，成為人人羨慕的專欄作者和客座教授，將他的職場競爭力變成了讀者手裡的金飯碗。管理好自己人生，從這本書開始吧！」

——翟芳，小紅書創始人

前言
職涯是馬拉松長跑，不是百米衝刺

我從一九九二年開始踏入職場，在這漫長的二十多年的工作經歷中，我幾乎做遍了公司所有部門（從前端的推銷業務及行銷人員，到後端的營運、工廠管理、技術支援、客戶服務、使用者體驗等）的工作；也親身跨越了幾乎所有的組織層級（從基層員工到初階主管，然後是經理、總監、總經理、副總裁、業務部的負責人）；再加上自己愛折騰、好奇心強的獨特個性，我透過更換工作及擔任多所大學ＭＢＡ中心企業導師的不同身分，有幸體驗了不同企業類型下的各種職場生態（從全球五百強的外商公司到鋒芒畢露的中國互聯網民間企業，從中字頭*的中央企業、國營企業到小型的初創公司，以及ＮＰＯ和政府事業單位）。

---

* 中字頭公司就是指公司名稱中含中國字樣。根據中國政府規定，只有關係到民生和對國家經濟有較大影響的企業才能以中國為開頭命名。

透過這些真實的親身經歷，我對職場的遊戲規則有了比一般人更多、更深的體悟和理解。其中令我感觸最深的，就是那千變萬化又令人捉摸不透的職場關係。

「關係」這個詞，想來大家都不陌生，因為出現的頻率相當高：行走於社會，沒有幾個關係穩固的朋友，那絕對會四處碰壁。社會如此，職場也不例外。

全球知名的商業諮詢公司蓋洛普（Gallup）曾經對一百萬名美國員工進修調查，結果顯示七五％的人選擇辭職是因為受不了頂頭上司。可以說，你和老闆的關係，直接決定了你在職場中的幸福指數。事實上，不僅僅是老闆，職場中的其他人：你的同事、你的下屬、與你有關聯的客戶，都會對你的職業生涯發展產生非常大的影響。

記得我在麥當勞、可口可樂、戴爾電腦（Dell）、亞馬遜及樂視集團擔任管理崗位時，就經常會從下屬、同事、外部生意夥伴，甚至是上級主管那裡聽到大量類似的抱怨。當我發現大家都困在關係難題的網中無法自拔時，我也一直在反思。

首先，要想在職場中生存及成功，我們需要處理好和哪幾類人的人際關係？

其次，這種關係到底應該維護成什麼樣子？比如說和老闆的關係，人人都知道「搞好」和上司的關係很重要，但如何來定義這個「好」呢？是說自己要和老闆成為好兄弟、閨蜜，無話不談、親密無間，還是讓老闆對自己言聽計從？還是其實沒必要這麼複雜，只要在工作中相互理解和支持就行了，能不能成為生活中的朋友其實並不重要？最後，我們該用什麼樣的思維方式、工具、方法和流程去建立各種職場關係呢？

帶著這種困惑，我不禁追溯起自己二十四年真實的職場經歷，以及過去八年間在多所MBA中心擔任客座教授的實際教學經驗，開始在內心認真地思考起這個對每位職場人來說絕對是攸關前途的問題。漸漸地，我的思路開始變得清晰起來。其實，大多數人在職場關係的處理上之所以做得不到位，最根本的原因無外乎以下兩點：

1. 錯誤、短視及被局限的思維方式；

2. 沒有掌握高效率、正確及系統性的方法和工具。

要知道，職業生涯是長跑，不是百米衝刺；因此在職場中，尤其是在和別人建立關係的過程中，大家一定要有長遠的眼光。因為職場發展的本質其實就是處理小群體的人際關係，在這個小群體中，每個人的角色是隨時都會改變的：

你今天的同事，可能明天會是你的老闆；你現在的老闆，可能明天會變成你的下屬；你在公司的競爭對手，可能改天成了你下份工作的老闆，或決定你業績的大客戶。

因此，當我們在考慮職場關係的時候，千萬不要只關注眼前的利益和得失，你要從全方面的視角來看待職場關係，同時以動態的眼光做為輔助，還有運用系統化的工具和方法。此時絕不能頭痛醫頭、腳痛醫腳，一定要全方位地處理好職場關係，這樣你才能在職業生涯中跑得更快、飛得更高！

就是抱持著這樣的目的，我有了動筆寫這本書的原始衝動，因為我想透過這本書來告訴每一位職場中的同仁：處理好職場關係其實與你的出身、背景並沒有多大的關聯；要想成為老闆心目中值得信賴的下屬、同輩中話語權極重的無冕之王、下屬眼裡值得尊敬並願意為你打拚的卓越主管，以及客戶口中有誠信有擔當、能夠給他們帶來長久利益的合作夥伴，其實一點也不難！你只要花不到兩杯咖啡的錢，購買這部堪稱「職場關係寶典」的祕笈，然後按圖索驥，就能從三方面著手，真正處理好你跟老闆、下屬、同事及客戶的關係：

1. 建立正確、長遠的思維認知；

2. 培養卓越的行為習慣；

3. 掌握高效率、實用的工具和方法。

本書透過大量鮮活的職場案例，將各位帶回真實的辦公室場景中，讓你一邊聽著刺激、精采的職場故事，以及作者麻辣、尖刻的點評，一邊潛移默化地掌握科學又高效率的職場關係管理法則，你說這該是多麼舒爽的一種閱讀體驗啊！

Part 1

與老闆共用利益，加速你的職涯發展

第 1 章

打破思維誤區，
成為老闆的合作夥伴

對我這個職場「老鳥」來說，老闆既不是我的敵人，更不是對手，而是我職業生涯發展中最好的工具和資源。因此我一向把他當作我最好的夥伴，那怎樣才能做到這一點呢？其實並不複雜，只要做到以下兩點就行了：

1. 主動出擊，處理好與老闆的關係。
2. 明確處理好與老闆關係的終極目標：達到「三贏」。

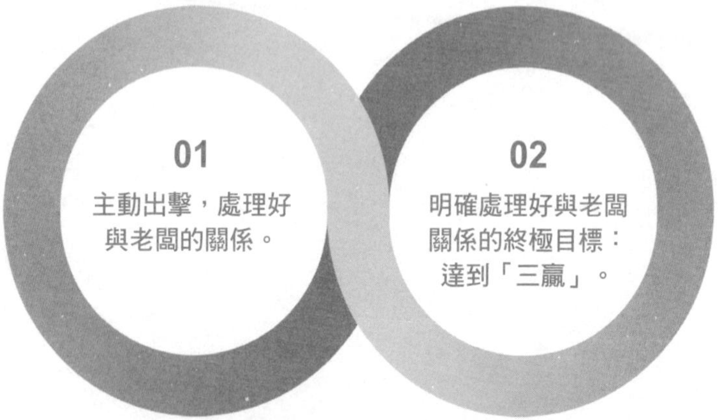
01
主動出擊，處理好
與老闆的關係。
02
明確處理好與老闆
關係的終極目標：
達到「三贏」。

▲ 做到這兩點，和老闆變夥伴沒問題

01▼主動出擊，處理好與老闆的關係

如何主動出擊呢？首先，我們要明確說明，處理好與老闆的關係到底是誰的責任。

在MBA教室及企業內訓課的培訓室中，我曾經無數次地聽過在職場的朋友們這樣吐槽：「其實我也懂得和老闆建立和諧關係、走進他的內心深處、讓他給予我支持和信任的重要性，但我就是不懂怎麼邁出第一步，不敢也不願邁出第一步；我總覺得老闆都是高高在上，老闆一天也很忙碌，如果我貿然接近他，主動去找他聊天、溝通，這樣真的好嗎？」

如果你問我這個問題，那我一定會大聲地告訴你：「好！很好！非常好！」因為以我的理解，和老闆建立關係，讓他成為你的合作夥伴，首先需要做的就是建立起正確的思維：和老闆建立關係，絕對不是老闆的責任。你，應該邁出第一步，因為向上管理是下屬的一項自主、自發和有意識的行為，你一定要主動出擊，有勇氣、有方法地去「撩」你的老闆，否則和他建立關係，只能是一句空談。

道理誰都懂，但為什麼大部分人做不到呢？究其原因，我覺得主要有以下三種。

第一，心理上有障礙，總在糾結下屬主動去接近老闆、和老闆溝通是否恰當，老闆會不會討厭這種主動接近自己的下屬。

第二，不知道該聊什麼，以及如何去和老闆進行一場愉快的對話。比如總在猶豫應該等老闆找自己，還是自己去找他呢？在什麼場合，以及以什麼形式來開啟這種聊天？

第三，不清楚聊天最終要達到什麼目的。是因為工作中出了問題才應該去找老闆，還是純粹為了聯絡感情去找老闆？如果是後者，會不會讓老闆覺得自己太功利了，如果產生反效果該怎麼辦？每一次一想到這，頭都大了，心也累了。

▲ 無法和老闆處好關係的三個原因

02▼和老闆聊天，一點都不難

和老闆聊天，這種事真有這麼難嗎？其實未必！我先講一個小故事，聽完了故事，我相信你就會明白，怎樣透過積極主動的出擊，和老闆進行一次愉快且富有意義的溝通交流。

這個故事發生在我曾經管理過的客服部門，故事的主角是一位大學畢業剛滿三個月的男生。中午，我們一般都是在員工餐廳一起吃飯，有一回我去吃飯，一個人走在前頭，選好菜後端著盤子準備往前走，突然聽到身後傳來了一個聲音：

「Peter你好。」我轉頭一看，是一位年輕的男生，可是我並不認識他。

「你是？」

「哦，上一週在客服部迎新大會上，你講完話後，有位同事問你的年齡，你讓我們猜，結果我就大喊：你是『八年級生！』當時你還誇我是全場最會聊天的人呢！」

這麼一說，我一下子就想起來了，原來是剛剛加入我們部門的新人，我對這個傢伙挺有印象：反應敏捷，而且絲毫不怯場。

有了這個不錯的開場，我們盛完飯，就順理成章地坐在一起開始吃午飯了。其實，對我這樣的老闆來講，每天中午找人吃飯絕對是一件非常痛苦的事：我的那些下屬，每天中午一看到我去找他們吃飯，都跟看見黃鼠狼進村，或者像老鼠見了貓一樣，沒有任何一個人敢和我吃飯，或願意和我一起吃飯。所以每天中午我都很痛苦，因為實在找不著可以在吃飯時輕輕鬆鬆聊個天的對象，今天有一位同事主動來找我吃飯，我心裡其實很高興。所以，老闆們不會一味地排斥下屬主動來和自己聊天，當然還要看聊天的內容和方法。

說實話，關於這場談話，我當時沒有抱任何期望，畢竟這位是剛剛才從大學畢業三個月的「小朋友」，能跟我聊什麼深刻的話題呢？我本來想就當作找個人吃飯，隨便聊個幾句話，打發時光；但結果卻出乎意料，那頓飯為我留下了非常深刻的印象。概括來說，這個小朋友一共有兩點讓我印象非常深刻：

1. 落落大方的態度。

2. 敏銳的眼光、對團隊的忠誠度及很強的自我學習能力。

03▼抱持真誠的心態最有用

或許你會好奇，像我這樣的職場「老鳥」，怎麼會對一個畢業才三個月的新人留下這麼深刻的印象呢？

其實一開始，我們的對話完全就是有一搭沒一搭的。比如我問：「怎麼樣，現在感覺還好嗎？喜不喜歡這個團隊啊？工作還順利吧？」

於是這個年輕人就跟我說：「我覺得挺好的，我非常喜歡這個團隊，而且我覺得我們的培訓人員做事非常用心，跟我以前的經歷非常不一樣。」

他一說這話就引起我的興趣，我就問他：「為什麼你會覺得我們的培訓人員跟你以前的培訓老師不一樣呢？」他說：「我舉個例子，我發現他們做事很用心，我以前實習的時候，也在別的公司參加過培訓，但那些培訓老師用的教材都是適合七年級生，甚至是年齡更大的一些人，規矩太多，語言太枯燥。像我們這種八年級生和九年級生，其實不太喜歡這些東西，我們更希望用一些我們熟悉的語言。」

「在我們公司培訓，一看到培訓講師也在用舊教材，就向他們反應。結果我們一提出來，他們馬上就聽進去了，表示立刻就改，而且還主動徵求我們的意見，並讓我們提案、想辦法。」

那天的午餐，我們共吃了一個小時，毫不諱言，最後我真的有點意猶未盡，因為：

第一，「小朋友」很輕鬆大方，完全不緊張，和我的許多下屬完全相反。有時當我找到下屬們談話，那些人的表情甚至有點好笑：渾身發抖，額頭出汗。其實看到他們緊張，我也會不舒服。但這個「小朋友」不會，那天的午餐，讓我感覺非常輕鬆愉快。

第二，他透過自己真誠、具體的描述，讓我對他的個人素養留下了非常深刻的印象：敏銳的眼光、對團隊的忠誠度及很強的自我學習能力。所以從那次以後，我就記住了這位「小朋友」的名字。

這頓午餐之後，我們之間便再也沒有發生什麼交集了。等再次聽到這位「小朋友」的名字，已經是兩年以後。因為業務發展的需要，我們要進行擴編，因此急需大量的管理人才。除了向外徵才以外，我們也想從內部提拔一些人，當時有兩個候選人在競爭同一個職位；其中就包括那位在一頓午餐的聊天中，讓我印象深刻的年輕人。

其實仔細想一想，職場真是一個競爭很激烈的地方。身為整個部門的負責人，我必須對任用人選做出最終的決定，而這個決定完全是基於他們主管的描述，以及如果我本人有對他們相當程度的瞭解的話。這時，那頓飯的作用就一覽無餘地顯現出來了。因為當他的直屬主管指出他的優點時，立刻就引起了我的共鳴：比如對團隊的忠誠度，以及很強的自我學習能力，而這兩點，恰恰是那天跟我溝通的時候，他給我留下的深刻印象，所以最終選擇誰擁有這個職缺，我不說你也知道結果。

所以只要做到積極主動、真誠大方，用實例支援自己的觀點，那麼贏得你的老闆的支持，其實也並非難事。

04 ▼讓你聊進老闆心坎的四個技巧

故事講到這裡，關於如何克服阻礙與老闆聊天的「三座大山」，我想送給你四個小技巧，讓你在與老闆聊天時，能更進一步聊到老闆的心坎裡。

第一，與老闆建立關係是你的責任，你一定要邁出第一步。回到剛才那個例子，如果這個「小朋友」在兩年前沒有跟我吃過那頓飯，沒有主動和我建立關係、加深瞭解，那他未必能得到後來的這個機會。

第二，做好充分的準備。記住，沒有人想聽你聊對他沒有價值的東西，或者是他不關心的話題。什麼叫價值？可以幫他解決問

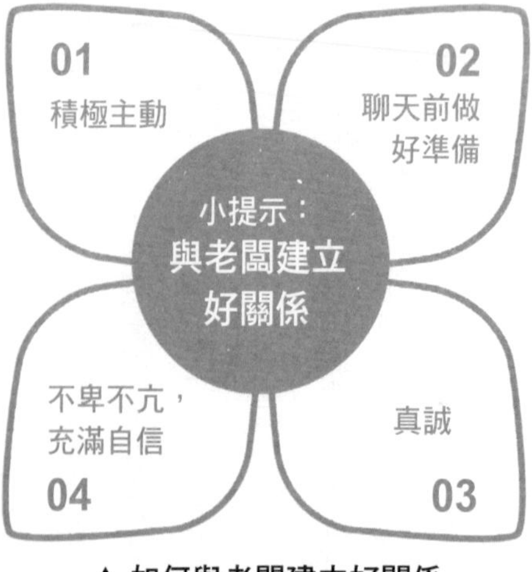
小提示：
與老闆建立
好關係
01
積極主動
02
聊天前做
好準備
03
真誠
04
不卑不亢，
充滿自信

▲ 如何與老闆建立好關係

題，可以讓他瞭解他原本不知道的資訊，哪怕是滿足他的興趣也行。所以千萬不要去聊你想講的，而要去聊他想聽的。還記得當我問這個「小朋友」為什麼覺得我們部門的培訓老師很用心時，他詳細且極富觀察力和學習力的回答嗎？我之所以有興趣聽他聊天，就是因為他講了我想聽的內容，而且講得非常具體生動。

第三，真誠。其實「利用」在職場絕對不是一個負面的詞，很多人一聽說要利用自己的老闆，就會很害怕，總以為這樣一來，老闆就會感覺到自己的別有居心，就一定會對自己有不好的印象。其實你真的多慮了。所謂的利用，只是要你能始終把老闆的目標放在第一位，把利用的目的設定為能幫助老闆成功，那就絕對不會出事！

第四，不卑不亢，充滿自信。我很欣賞英文中有一個詞「平等的權威」（equal authority）。其實老闆看人，眼光是很精準的。比如回到剛才那個例子，那個「小朋友」之所以讓我印象深刻，就是他這種平等權威的感覺，讓我非常舒服，讓我覺得他是一個有自信心、可以做大事的人。因為從我這樣一個老闆的視野來看，一個好的領導者、有潛力的領導者，其實最需要考驗他的是什麼？不是做事的能力，而是那種與生俱來的特質，如誠信、價值觀、勇於承擔責任，其中就包括不卑不亢，懂得和職位比他高的人和諧相處。

05 ▼老闆贏，組織贏，最終你才能贏

聊完了主動出擊，處理好你和老闆的關係後，接下來我再分享一下什麼才是處理好與老闆關係的終極目標。

處理好與老闆的關係，最終要達到的目的是什麼？這就像一塊試金石，有的人內心深處的小心機在一開始就暴露出來了，比如，透過與老闆的好關係讓老闆為自己升職加薪；讓老闆聽自己的話，接受自己的建議、信任自己……

這些想法有沒有問題？有，但也沒有，關鍵要看你有沒有漏掉一個前提：你得到什麼、你怎麼想並不重要，重要的是，你的老闆能得到什麼，說得更透徹一點，你和你

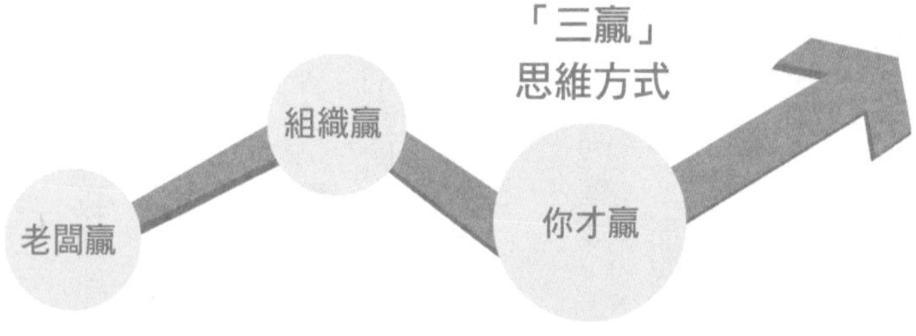

▲ 向上管理的核心思維

的老闆做為一個合體，你們能一起得到什麼？向上管理這套理論中，有一個很核心的思維方式叫「三贏」：老闆贏，組織贏，最終你才能贏。

這聽起來似乎很美，但不一定能夠實現。我在工作時，就經常會碰到我和老闆的想法有衝突的情況，這個時候該怎麼辦呢？是不是因為我是下屬，就必須委屈求全、放棄自我、成全老闆呢？還是說我要據理力爭，爭取自己的利益最大化，不向老闆妥協？

這兩種想法都不對。正確的思維方式應該是這樣的：

第一，當矛盾和衝突產生時，首先讓我們把所有表面的東西都拋在腦後，忘記形式化的東西，放空大腦。你只要問自己兩個最簡單的問題：在老闆的心目當中，這是一件什麼樣的事情？在這件事情上，老闆的終極訴求是什麼？換句話說，你必須先站在老闆的角度來看待整個事件，在沒有釐清他的想法、觀點和訴求之前，不過分強調自己的意見、觀點。

01
02
03
瞭解老闆的想法、觀點和訴求
幫助老闆制定整套解決方案
把自己和老闆的利益合一

▲ 與老闆溝通的思維三步驟

第二，在釐清前述問題之後，再問自己一個問題：我要用什麼樣的方案，去解決和滿足老闆的訴求。不只是要明白老闆怎麼想，還要主動幫助老闆制定出整套解決方案，幫助老闆和組織獲得成功。

第三，我的訴求是什麼？如何在滿足老闆和組織利益的同時，也能夠讓自己成功？這時就可以想想自己：如何在保障老闆利益的同時，我的利益也能兼顧？千萬記住：在和老闆合作共事時，多想想「我們」，而非「我」；多考慮要如何才能把我的利益和老闆的利益合二為一，這才是處理好和老闆關係的關鍵。

✔掌握這兩點，成為老闆的合作夥伴

要想真正成為老闆的合作夥伴，那你就必須成功地做到以下兩點：

第一，主動出擊，處理好與老闆的關係。即積極主動，聊天前先做好準備，要真誠，不卑不亢，充滿自信。

第二，真正樹立起「三贏」的思維方法。你只有讓老闆先贏，組織先贏，最終你才能贏。職業生涯不是百米衝刺，而是場馬拉松，所以你一定要小心地維護自己的職業口碑和信譽。

處理好和老闆的關係是你的工作之一，但還是要小心，因為光有良好的意願，卻沒有一套和老闆建立關係的好思路、好方法、好工具，也是不行的。

第2章

知己知彼，三步驟
加深你對老闆的瞭解

建立與老闆的關係，光是知道主動出擊還不足夠，你還得知己知彼，學會走進老闆的內心深處。

如何才能對老闆瞭若指掌，走進他的內心深處？其實只需做到以下三點就行了，且以下三點有其嚴格的邏輯順序：

1. 學會使用「瞭解老闆工作表」，先給你的上級「照張X光」。
2. 知己知彼，給自己做個完整的畫像：善用「自我瞭解工作表」。
3. 求同存異，尋找最大公約數。

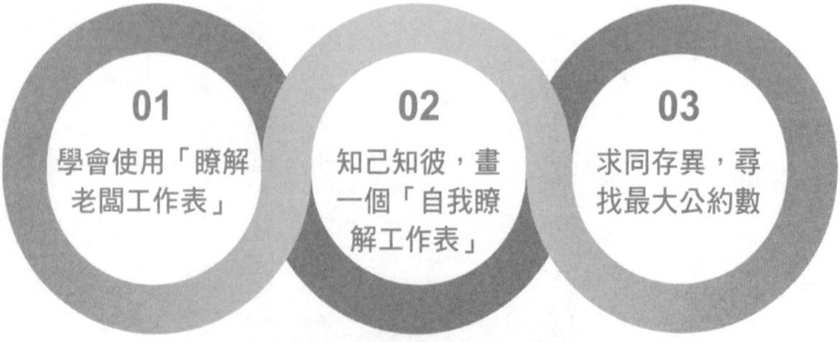

▲ 讓你對老闆瞭若指掌的順序

06 ▼給老闆「照X光」，瞭解老闆的工作風格

我們先從最基本的第一條開始：「瞭解老闆工作表」。一個能夠有效管理老闆，並和老闆有著牢固信任關係的下屬，在與老闆建立關係之前一定會做到準確，全面客觀地瞭解老闆。那麼瞭解老闆，到底要注意哪些內容呢？從下面這份工作表可以看出，有三個方面缺一不可：第一，瞭解老闆的溝通風格；第二，瞭解老闆的性格特點和優缺點；第三，準確清晰地瞭解老闆的目標，以及對你的期望值。

工作風格可以細分成溝通風格，管理風格以及戰略導向。關於溝通風格，就是說要確認你的老闆到底是讀者型、聽眾型，還是兩者都是。什麼叫作讀者型呢？有一些老闆，當你有一些主意或一些建議的時候，他希望你把它很條理化地寫出來，比如寫成郵件或者 PPT；但有一些老闆不是如此，他們會覺得你如果花太多的時間寫東西，那會浪費時間，他更願意你有什麼想法就馬上去找他，立刻談一下，達成共識後，馬上去

執行。這就是聽眾型。所以你要想一想，你的老闆到底是讀者型還是聽眾型呢？

讀者型和聽眾型的溝通風格，也不是一成不變的，有一些老闆，對某一些事可能是讀者型的，但換到另外一件事，就是聽眾型。比如你的老闆對你的工作一向都非常信任，交給你全權負責，平時和你的溝通多是透過每週一次的郵件或報告來進行，那這時他就是讀者型；但最近公司董事長為他分配了一項新任務，並且規定了一個很急的時限，那這時你就要小心了：因為在這個敏感的階段，你的老闆很有可能已經變成聽眾型，他希望你有問題立刻彙報，馬上解決。

所以，要瞭解老闆的工作風格，首先要先確認老闆喜歡當讀者還是喜歡當聽眾。

確認好了老闆喜歡的溝通風格，還需確認老

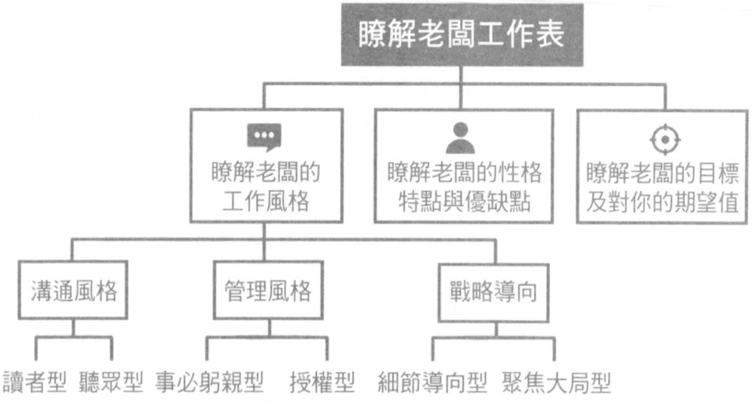

▲ **瞭解老闆工作風格，幫助你更有效率**

闆屬於哪種管理風格。

你的老闆是屬於事必躬親型，還是授權型的？有一些老闆，恨不得所有的東西都要瞭解，掌握所有的進度，你不光是要跟他在大方向上達成共識，連怎麼達成這個共識的過程，也要跟他取得一致。比如我太太，就是這種風格的老闆，她管理我和我兒子的時候，就是用這種事必躬親的工作作風，不只要規定我們兩個幾點到學校，還要規定走哪一條路線，規定怎麼過馬路，如果做不到，那糟糕的日子就要來了。還有一種老闆是授權型的，這種老闆通常給你一個目標後，讓你放手去做，如果你每天都找他彙報，他反而覺得你沒有工作能力。

所以你要仔細想一想，你的老闆是事必躬親型，還是授權型？

除了溝通風格和管理風格，還需要瞭解老闆的戰略導向。你的老闆是細節導向型，還是聚焦大局型？有一些老闆恨不得你的報告上的資料保留到小數點後面兩百位；但有一些老闆不是這樣，他最喜歡聽到你給他講戰略和方向以及將未來願景化的東西，如果你講過多的細節，他會覺得你這個人沒有好的大局觀，沒有戰略眼光，因此你個人也就沒有什麼發展潛力。

所有這些，都可以歸納為老闆的工作風格。

07 ▼明白老闆的長處與優點，幫你達成目的

瞭解了老闆的工作風格，我們還要瞭解老闆的第二點是：性格特點和優缺點。你的老闆到底是外向性格還是內向性格；他的個人喜好是什麼；他的優點和缺點是什麼……這一切都對你管理和「利用」他非常有幫助。

在此我想專門強調一下瞭解老闆優缺點的重要性：摸清老闆的性格特點還有個人喜好，對於瞭解老闆、走進老闆的內心深處極具好處和價值。其實蒐集、掌握老闆優缺點的資訊，對我們最終給他「拍一張完整、準確的X光」，也是相當有意義的。因為在本書中我反覆強調的是這樣的概念：處理好與老闆關係的最大好處，不只是獲得老闆的賞識，獲得升職加薪；其實它更大的價值在於加速你的職業生涯發展。因為老闆才是你職場中（甚至是人生中）最好的資源、老師、工具，因此你必須學會怎樣去妥善「利用」他。既然是資源和工具，那我們在利用之前就必須清楚地知道這個「工具」的長處短處、優勢劣勢。

對於老闆的長處和優勢，我們就應該多多加以發揮。舉個例子：假設你的老闆在公司工作多年，有極強的個人影響力和話語權，與公司上上下下的關係非常融洽。這一點就可以被你拿來當作解決部門間衝突和矛盾的利器：因為大家就算不給你面子，也要給你老闆面子。

如果很不幸，你的老闆是個空降兵，剛來公司沒兩個月，在組織中的曝光度和影響力都尚未建立起來，這時你就要懂得在使用這個特殊的工具時做到「避短」，或者換句話說，別把老闆往槍口上送，否則可能真的會被其他部門的人「打臉」，這樣一來，不但達不到你自己的目的，還會讓老闆對你心生怨恨，那可就太得不償失了。

08 ▼若不了解老闆的目標，再優秀也容易出錯

以上兩條都是和老闆自身相關的東西，除了這些，你還要掌握一些和工作本身相關的資訊，這就是第三點：準確清晰地瞭解老闆的目標，以及對你的期望值。捫心自問：你是不是非常清楚地知道，你的老闆在這個星期、這個月、這一季，甚至今年要完成的目標是什麼。他面對的最大的壓力是什麼，他對你的期望是什麼。如果你都不仔細去瞭解的話，那想去管理他和「利用」他，根本就是一件難以成功的事情。

以上就是了解老闆的三步法。那麼給老闆「照張X光」真的這麼重要嗎？瞭不瞭解老闆，和你工作是否高效率、能否升職加薪真的有那麼強烈的關聯嗎？真的是這樣！以我的一位朋友為例，他在各方面都很優秀，但就是因為不瞭解自己的老闆，差點捅了大婁子。

這個故事發生在我在某公司任職的時候。大部分的企業都非常盛行PPT文化，因此學會高超的PPT技巧，絕對是讓老闆欣賞你的一個重要法門。而當時我的這位

朋友就是一個公認的ＰＰＴ高手，他的ＰＰＴ曾經被當時的公司高層反覆表揚過。帶著這種「優勢」，後來他跳槽到了一家民營企業，擔任負責全國區的業務總經理。他的新老闆給他的第一份任務，就是讓他用一個月的時間去瞭解市場趨勢，然後做出一個全新的、能幫老闆賺更多錢的年度銷售計畫。

接到這個新任務後，這個年輕人馬不停蹄地跑遍了中國區的所有銷售通路，拜訪完大客戶、批發商和超市後，用了一個星期的時間，精心做出了一套非常完整的ＰＰＴ格式的計畫書：在這個ＰＰＴ裡，有動畫、圖片和地圖，一看就知道是個ＰＰＴ高手做出來的。於是他就帶著很棒的ＰＰＴ，還有滿肚子的信心去總部開會了。

當時參加會議的有董事長、大股東和各個部門的總經理等十來人。結果這個會開得非常尷尬，本來是一個小時的會，但當他講到第二頁ＰＰＴ的時候，就被他的老闆打斷了。董事長坐在下面，看著這個不斷跳躍的ＰＰＴ，忍不住問道：「請問你後面到底還有多少頁？」他說：「不多，一共才二十五頁。」結果老闆一聽，頓時火冒三丈：「我花了這麼多的錢，把你請到我們公司來，不是讓你做這麼多無用的ＰＰＴ簡報……」

09 ▼跟上老闆的節奏，釐清與老闆溝通的目的

所以當你想和老闆處好關係，想讓老闆給你更多的機會發展你的職業生涯時，首先就要根據「瞭解老闆工作表」好好地讀懂你的老闆：比如你的老闆到底是一個聽眾型的人，還是一個讀者型的人。

在前面這個案例中，那位私人公司的老闆就是一個典型的「聽眾型＋結果導向型」的領導人物，他最關心的是你能為他賺錢，幫他拿下訂單，而花那麼多的時間，做那麼複雜的PPT，不是在給自己挖坑嗎？以後如果再碰到這種聽眾型的老闆，一定要少做些花俏的報告，多些資訊、案例、客戶的回饋以及下一步的行動計畫，這樣才能讓老闆對你的工作放心。下次當你有機會和老闆交流時，首先放空自己，靜下心來好好做一下「瞭解老闆工作表」。這份工作表其實就像一份旅遊攻略，能夠幫助你釐清在接下來和老闆的溝通和談判中，將要面對一個什麼樣的人，他可能要問的問題以及他可能對你的反應，從而讓自己提前做好準備，增加處理好和利用老闆的自信心！

10▼也幫自己「照X光」，瞭解自己的工作風格

剛才我們用「X光機」，幫老闆裡裡外外拍了全身照。現在我們要用同樣的方法，來幫我們自己掃描一下：對照剛才的表格，從工作風格、管理風格、戰略導向三個方面來看看自己，確認自己到底是讀者還是聽眾，自己希望老闆授權以後就放手不管，還是希望老闆經常給予一些指導；自己更注意細節，還是聚焦大局。同時還要搞清楚自己的性格特點，自己在這家組織或公司當中的優缺點是什麼、自己的目標是什麼、壓力是什麼、期望是什麼等。

拍好這兩張「片子」以後，把它們放在桌子上逐一對比，以發現問題。

透過對比兩張表格，你會發現有些選項是一致的，而有些卻是背道而馳的，該怎麼辦呢？比如，老闆是個性格外向的人，偏偏我是個性格內向的人，不善於溝通。再說，老闆喜歡授權以後就不管了，但我的性格比較謹慎保守，總希望老闆能夠多給我一些指導，允許我經常去找他彙報。此時這種不和諧，就會反映在和老闆處好關係這個問題

透過以下問題，你可以更有準備地和你的老闆進行有效溝通

瞭解老闆工作表 VS 自我瞭解表

問題	答案	答案	問題
1. 老闆的溝通風格是讀者型還是聽眾型？			1. 我的溝通風格是讀者型還是聽眾型？
2. 老闆是聚焦事實和圖表的細節導向者，還是注重整體概況、注意全局的人？			2. 我是注意事實與圖表的細節導向者，還是注重整體概況、聚焦全局的人？
3. 老闆是喜歡分配任務後很少干預每天的進展，還是喜歡親力親為參與日常規畫？			3. 我是喜歡分配任務後很少干預進展的老闆，還是親力親為參與日常規畫的老闆？
4. 老闆的主要優點？			4. 我的主要優勢和擅長的領域是什麼？
5. 老闆的主要弱點？			5. 我的主要弱點和盲點是什麼？
6. 什麼事情可以讓老闆快速做出回應？			6. 什麼事情可以讓我快速做出回應？
7. 老闆的整體心態與世界觀是什麼？（如樂觀或悲觀、喜好團體合作或獨行俠？）			7. 我的整體心態和世界觀是什麼？（如樂觀與悲觀，喜歡團隊合作或獨行俠？）
8. 老闆有什麼重要的目標和方向？			8. 我有什麼重要的目標和方向？

▲ 建立有效溝通，知己知彼最重要

上，最常用的一個藉口就是「雙方合不來」。

初入職場的新人，總會幻想自己能遇到一個懂我知我挺我的「好」老闆。但是，在工作中和老闆接觸了一段時間以後，他們通常會發現，現任的老闆多多少少都不是自己希望的模樣；這個時候，不少人本能的反應是換一個老闆，說不定下一個老闆會更好。於是很多人就開始頻繁地換工作、調部門，可是最終也很難如他所願。

我通常都會拿婚姻來做比喻，對大部分人來講，老婆和老公肯定都是自己選的，但即使如此，結婚以後你還是會發現很多和自己想像不一樣的地方：比如生活習慣、興趣愛好、個性等，那這時候該怎麼辦？直接離了再找？我想很少有人會做這麼蠢的事。

婚姻如此，其實職場也是一樣。在這個世界上，對我們大部分人來講，我們都沒有選擇老闆的權利和機會。當然你會說「換工作的時候，我就可以選擇老闆了」。但是誰又能保證，當你換工作換了個老闆，進入新公司以後，新公司就不會調整組織架構呢？你自己會不會升遷呢？如果這一切一再發生，你接下來又要怎麼辦，難道繼續再跳槽嗎？所以說，換工作、換老闆解決不了根本的問題，很多時候不是老闆出了問題，而是你沒有走進老闆的內心深處，沒有找到和老闆愉快「玩耍」的方法而已。

11 ▼尋找你和老闆利益的最大公約數

在瞭解了老闆、瞭解了自己之後，怎樣才能做到「與老闆愉快地『玩耍』」呢？這時候就需要加深對老闆瞭解的第三步：求同存異，尋找利益的最大公約數。就是要多發現和培養與老闆的共同點。

那怎麼才能實現這個目標呢？以下提供缺一不可的幾項要點。

1. 尋找相通點，如工作風格、喜好性格、目標設定等。舉個例子，你碰巧發現，你和你的老闆都是讀者型的工作風格，恭喜你！今後當你想做工作彙報、計畫案呈現或爭取資源時，就一定要多利用書面的、正式的形式來完成，比如PowerPoint、Excel、Word等。

2. 用共通點去和老闆建立交集，透過溝通和互動，瞭解老闆對你的期望值，以創造更多原本沒有的共通點。

比如透過對「瞭解老闆工作表」和「自我瞭解工作表」的比較，你發現自己的管理風格和老闆的風格之間存在很大的差異；他是事必躬親型的，而你不希望老闆管得太細。這時候你就必須做出妥協和調整，如果不能保證自己的目標始終與老闆的目標及他對你的期望值達成一致的話，那麼你每天多付出的努力，在老闆的眼裡，都只會是徒勞無功，他會覺得你在浪費時間。如何才能做到這一點？方法很簡單：拿出所有的真誠，去問你的老闆，只要你能讓他相信，你想瞭解他的期望值，完全是為了要幫助組織，幫助老闆達成目標，那麼你的這種姿態和努力，也一定會得到上級主管積極的回饋。

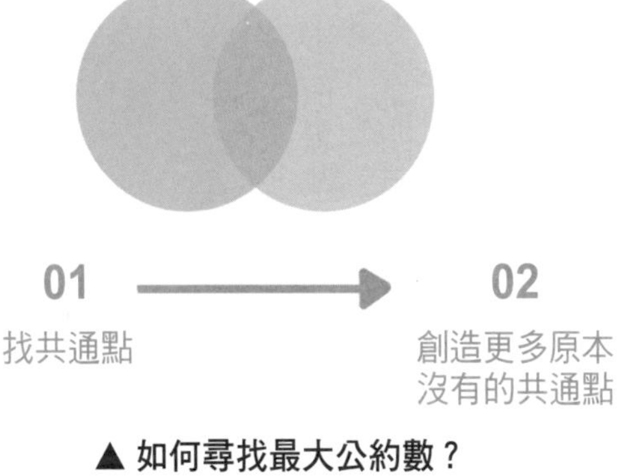
01
找共通點
02
創造更多原本
沒有的共通點

▲ 如何尋找最大公約數？

✔做到這三點，就能走進老闆內心

要想加深對老闆的瞭解，成為那個走進老闆內心深處的人，那你就要做到以下三點：

第一，學會使用「瞭解老闆工作表」，你要把重點放在注意老闆的溝通風格（讀者型還是聽眾型）；管理風格（事必躬親型還是授權型）；還有戰略導向（聚焦大局型還是細節導向型）。同時也別忘了分析老闆的性格和優劣勢，以及他對你的期望值！

第二，學會使用「瞭解自己工作表」，用同樣的維度畫自畫像，然後逐一和「瞭解老闆工作表」進行對照，讓自己和老闆所有相同與不同的特質、風格和喜好統統暴露在陽光下。

第三，求同存異，尋找利益的最大公約數。也就是說，要尋找並利用自己和老闆相通的東西，讓你們變成滿肚子都是共同語言的「閨蜜」；同時還要努力減少和改善那些你們之間不同的東西，讓老闆最終能夠成為你親密無間的合作夥伴。

第3章

與老闆意見不合時該怎麼辦

我們都知道，要與老闆建立好的關係，最重要的是在工作層面和老闆達成一致。但問題是，這種理想的劇情通常都不會上演，我們在工作中遇到的大部分場景，是自己的想法、意見、計畫或要求，與老闆的存在很大的差異，甚至溝通多次也沒什麼進展。那麼，與老闆意見不合時該怎麼辦？

簡單來說，以下三點是解決此類難題的關鍵：

1. 職場中哪些資源能為你所用及怎麼利用？
2. 尋找共同利益。
3. 如何正確地借力打力？

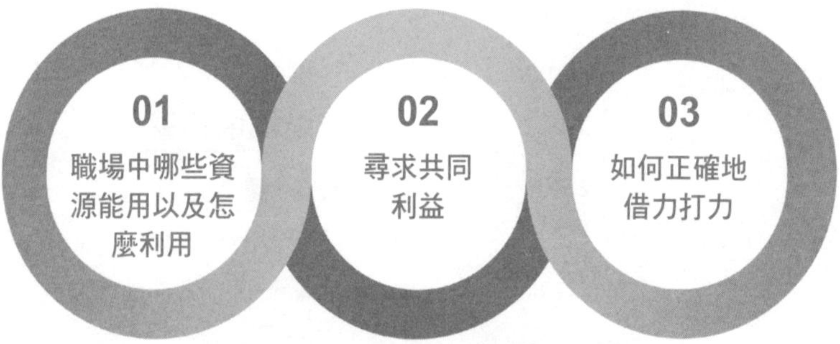

▲ 解決與老闆不合難題的三關鍵

12▼多利用身邊資源與老闆周旋

首先讓我們來聊聊第一點，什麼叫作「資源利用」？以及為什麼要在與老闆意見不合時，去利用這些所謂的資源？

每個人都有自己獨特的個性、工作方法、工作風格以及對事物的理解，因此在工作中與老闆產生衝突是在所難免。當和老闆意見不合時千萬不能強忍，更不能一味地逃避，而要積極主動地去和老闆溝通、協調和談判，這點非常重要。當然，也不是每一次的溝通都能達到我們所期待的目的，那這時我們是不是還要堅持己見，甚至不惜惹怒老闆呢？當然不是。其實這個時候你需要走另外一條路，那就是尋找身邊的資源，然後利用它們去達成自己與老闆的共識。

職場中的資源，可以是人，比如是老闆的老闆、老闆的平

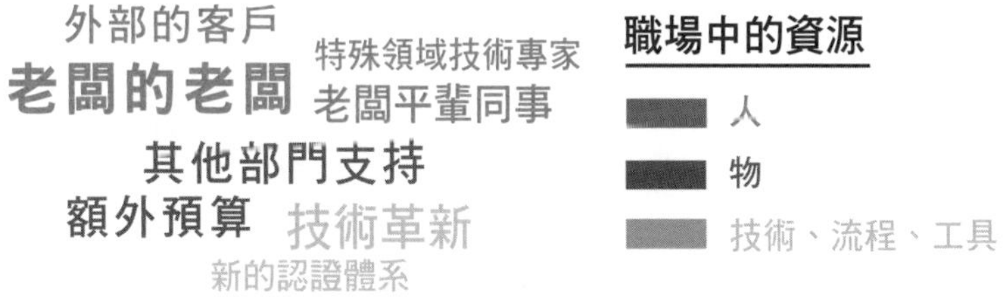

▲ 哪些職場資源可以善加利用？

輩同事、客戶、特定領域的技術專家……

也可以是物品，比如額外的預算、其他部門的支援……

還可以是技術、流程、工具，比如新的認證體系、能夠帶來更好的財務回報的技術革新等。

那該怎麼去定義最合適的資源，以及怎麼用這些資源來處理與老闆的不合呢？

13 ▼如何與老闆達成共識

十幾年前，我還是個「渾身打滿了雞血」*，每天絞盡腦汁，想要尋求晉升的部門經理。因為業績突出，我很快就升職，業務範圍也隨之擴大了，除了管理中國區的業務之外，還收編了韓國和日本的團隊。我因為升遷而帶來的興奮勁還沒退去，麻煩就來了；在如何提升韓國區使用者經驗的計畫和時間表上，我和當時的韓國區總裁始終達不成共識，雙方的關係一度非常緊張，這讓我很是鬱悶。

當時的組織架構是這樣的：我的直屬主管是亞太區的營運副總裁，但同時我又需要將工作進度彙報給各個國家的總裁（即各地業務部門的負責主管），因此韓國區的總裁，名義上也是我的主管，所有關於韓國區使用者經驗的事項，我也必須讓他知道，並

* 打雞血原本是文革時期在中國盛行的一種偽科學健身法，把雞血注射到皮下肌肉，有些人會有渾身燥熱的反應；現在延伸為形容人熱血沸騰、充滿熱情的樣子。

且需要他的同意和支援。這種不合理的架構造成了我們之間許多溝通上的摩擦，而最大的一個問題就是關於如何達成本年度使用者體驗的目標。

其實關於這個問題的計畫案，我和自己的直屬主管早在年初就已經達成了共識，而且一直以來執行得也很順利。萬萬沒想到，就是因為年中組織架構的改變，讓這位總裁一起參與，事情就變得複雜了起來。這個人有極強的個人主觀意識，凡事都喜歡掌握在自己的手中。其實在我剛剛接受韓國區和日本區業務的第二個星期，就已經飛到首爾專程拜訪過他，仔細地向他介紹了我負責的業務範圍內所有和韓國區業務相關的重大專案、計畫、時間表和注意事項，這裡面就包括使用者體驗目標，當時他對我的計畫並沒有提出任何異議。但我沒想到的是，才過去沒幾天，當他看到每週使用者經驗報告的實際數字時，就開始四處挑刺，好像他之前對此一無所知。我只好再一次耐著性子向他說明整個計畫。但是他提出了一大堆自己的意見，對我的方案比手畫腳，既不說同意，也沒有不同意，只是讓我「再好好考慮一下」，實則就是想讓我全盤接受他的想法。我不是聽不進去不同意見的人，只是他的那些意見確實不符合當時的實際情況，而且如果中途改變計畫，會對這個組織，包括我本人以及這位總裁，造成不良的後果。但我們實在是沒有辦法達成共識。

為了逼我就範，他幾乎每天都會把使用者體驗的報告透過郵件的形式轉給我的直屬主管，而且在郵件裡每天都弄出不同的花樣：一會兒是新的建議，一會兒是質疑，一會兒又是許多細到不行的問題，讓我不勝其煩。這種情況持續了將近一個月，除了每天寫郵件解釋，我始終都找不到更好的辦法去應對，直到我的救星——我的一位職業導師出現。當時公司為了培養未來的潛在領導者，便為一些經過挑選的中層管理人員指派了資深的高階主管當作導師——我的導師是一位負責亞太區財務的副總裁，因為我當時實在是沒有辦法了，於是就把自己的煩惱告訴了這位導師。他聽了以後想了想，提供給我一招：「你為什麼要用這種笨方法去應對他呢？其實你的身邊有大量的資源可以利用啊！比如他的老闆（亞太區銷售副總裁）。聽了你剛才關於自己計畫案的描述，我發現你的這一套說法和他老闆幾天前在一次會議上發表的觀點是完全一致的，你為什麼不去把他的大老闆搬出來呢？」

14 ▼變換角度來處理難解的問題

這真是我沒有想到的一種全新的打法：原來還能繞過這個人，透過其他人去影響和搞定他！於是我就請求導師指導我，接下來就讓我還原一下整個流程。

第一步，先和韓國區總裁的大老闆達成共識。我首先要求參加這位老闆的月度會議，並希望他能給我二十分鐘的時間專門來談本年度關於日本區、韓國區和中國區的使用者經驗的問題和計畫；因為我的導師提醒過我，使用者體驗的目標是和這些老闆的年終獎金掛鉤的，所以我們其實是有共同利益的。

第二步，精心準備一套完整的PPT，完美呈現了我的計畫，並重點突出此計畫的完成對銷售團隊的好處。第三步，在會議中與被利用的資源（那位亞太的銷售副總裁）充分溝通和交流意見，並最終得到他的認可和支持。值得注意的是，韓國區的那位總裁也參與會議，當他的老闆同意時，他可是一字不差地都聽到了！

第四步，會後與韓國區總裁再次鞏固共識。開過亞太區會議後的第二天，我就主動找到韓國區的總裁，請求允許我在他的每月例行會議上再專門與所有韓國區的高層主管們聊一次關於韓國區使用者經驗的計畫。最後會議如期進行了，而且效果很好。

第五步，追蹤結果。光在口頭上達成一致還不夠，你還必須兌現承諾，否則到最後若是沒有結果，那麼被你利用的人（那位大老闆），以及和你原本就不合、現在又被你管理的人就會新仇舊恨一起算，你一定會吃不了兜著走！所以在韓國區的會議開完之後，我就根據會議上承諾的計畫和時間表，每週發送一份報告給韓國區的總裁，同時副本給他的老闆：如果當週任務完成了，就萬事大吉；如果當週沒有達標，那我就會詳細地分析原因，同時給出改進方案並追蹤結果；所有這一切的資訊，當然都會及時和他們兩個人保持同步。

從那以後，那位難相處的韓國區總裁變得低調了許多，雖然也還是會寫郵件問我一堆問題，但是語氣和態度已經不是在挑戰我的計畫了，而只是就事論事，為了更有效率地提升結果。最終那一年在我們共同的努力下，圓滿地達成使用者體驗的目標，我和業務部門的老闆們最後皆大歡喜，都拿到了理想的獎金。

故事到這裡，相信你現在已經明白了什麼是資源，這個資源可能是人，也可能是財，或者是物，以及利用這些資源的流程。簡單來說，這個流程就是：首先尋找資源，也就是那些自己的利益共同體；然後利用他們對我們的老闆施加影響；最後達成對我和我的老闆雙方都有益的結果。

15▼利益共用，讓老闆心甘情願被利用

其實在利用這些資源去處理與自己意見不合的老闆時，還有兩個注意事項千萬不能忘記，即尋找利益共同體，以及正確地借力打力。

什麼叫利益共同體？回想一下前面我提到的故事，為什麼亞太區的銷售副總裁如此心甘情願地被我「利用」呢？其實道理很簡單，因為我們有著共同的利益：如果達成了使用者體驗的目標，大家都能有好的業績和發展，公司的業務也能得到提升。何樂而不為呢？

除了在利益上有共同點以外，我們在完成這個任務的思路和方法上也有共同點。就像我的導師指出的那樣，在我們去尋找可以利用的資源時，除了要考慮他們和被管理者之間的關係，還要考慮其他的一些因素，比如，和對方意見不合時，他們怎麼看？他們的意見和我們的是否一致？他們的最大價值在哪裡？你只有做足了這些準備，才能在實施時做到有的放矢，把他們的作用發揮到極致。

16▼借力打力，達到你想要的效果

利用資源去管理與自己意見不合的老闆，有一點千萬要注意：要把握好分寸。尤其在十分講究面子和主管尊嚴的環境下，這一點顯得極為重要。只有把握好分寸，才能正確地借力打力，達到你想要的效果。

以下提供幾點根據我多年的實戰經驗所總結出來的小提示。

1. 態度一定要真誠，要抓準自己的位置。雖然此時那位大老闆確實在幫我背書，為我撐腰，但是對於組織層級和領導者的權威，仍必須尊重。這就是為什麼我在亞太區的會議開過之後立刻請求再召開一個韓國區的溝通會，以及要在會議達成共識之後，老老實實地追蹤結果、每週寄送報告，因為就算你成功地搬出了大老闆來支持你，並不代表你比你面對的主管具有更多的權力，因此真誠一點、謙虛一些，絕對是必要的。

2. 就事論事，只談解決問題，達成共識，不要轉移注意力和借題發揮。大老闆的支持和認同，其實只是針對這件具體的事情本身，所以你不要為自己加戲，以為自己成了「關鍵先生」，從此成功地走進了大老闆的內心深處，甚至不久就可以取代小老闆了。

3. 說到做到，兌現承諾。信任的建立不是靠語言，而是靠真實的結果。如果你在以共同的利益為「誘餌」利用他人之後，卻無法兌現這個共同的利益時，那麼這種情況就只能發生一次，因為老闆們會覺得你不值得信賴，你只是在遇到困難時才會想到他們，而你的問題一旦被解決了，就會把別人的利益拋在腦後，這種短視的合作方法是非常讓人反感的。所以千萬要記住：為了能有下一次，你一定要認真地追蹤結果，保證能夠雙贏。

02
就事論事，
專注解決問題
01
態度真誠
小提示：
如何正確地
借力打力
03
說到做到，
兌現承諾
▲ 正確「借力打力」，保證能雙贏

✔平時就要準備好向上談判的資源

與老闆意見不合時該怎麼辦？

第一，思考一下，職場中的哪些資源能為你所用？今後如果和老闆因為意見不統一而發生溝通上的困難時，要學會利用身邊的資源，這些資源包括組織架構表中老闆的上級、同階層、客戶、特定領域的技術專家；也可以是額外的預算，其他部門的支援；還可以是技術、流程、工具等。

第二，尋找利益共同體。這些資源之所以能被你所用，是因為他們與你有共同利益，或共同的見解、方案，這些都該成為你選擇可利用資源時的標準和出發點。

第三，正確地借力打力。拿出誠懇的態度；就事論事，專注於解決問題本身；兌現做出的承諾，最終為老闆、被「利用」的資源及自己實現共同的利益。

你要學會留意在你的身邊有哪些人或財物可能成為你向上談判的資源，為什麼這些資源可以被你拿來利用及你可能要用在哪一方面，你現在要和他們一起做什麼等。提早做些準備是非常必要的！否則臨時抱佛腳，可能就來不及了！

第 4 章

事情搞砸，怎麼挽回老闆對你的信任

在職場中，除了學會和老闆溝通，做到求同存異外，在和老闆相處的過程中，還存在一類非常讓人抓狂但又不可避免的情景，那就是：「當我把事情搞砸了以後，怎麼挽回老闆對我的信任？」

在工作中，我們經常會向老闆做出一些承諾，比如銷售指標、要完成的某個專案、哪時上架一個新的產品等。做出承諾後，我們當然希望一切都能像預期的那樣，順利地完成，這樣老闆也會覺得我是個說話算數、辦事能力強的人。可是在實際工作中，經常會因為一些突發事件，導致事情的發展出現意外，那麼當感到事情可能（或者已經）被搞砸的時候，該怎麼去處理危機，管理老闆的期望值，並最終挽回老闆對自己的信任呢？

簡單來說，祕訣有以下三點：

1. 用積極主動的心態對待問題（機會），巧妙地和老闆溝通；

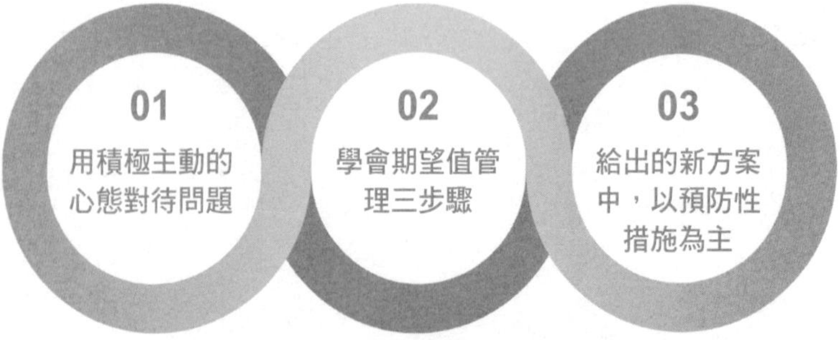
01
用積極主動的心態對待問題
02
學會期望值管理三步驟
03
給出的新方案中，以預防性措施為主

▲ 三祕訣，事情搞砸也能挽回信任

2. 學會期望值管理三步驟：設定期望值—管理期望值—鞏固信任關係；

3. 在給出的新方案中，以預防性措施為主。

17▼勇於擔責，就事論事

當事情搞砸了的時候，你會不會立刻和老闆溝通？你知不知道該怎麼溝通？

記得我初入職場時，自己內心是極其不願意跟老闆談「壞事情」的，比如工作中出現的問題、達不成業績指標、原本給出的承諾可能無法兌現等。因為以我當時的理解，老闆應該只喜歡或信任那些在工作中不會犯錯的人，因此為了讓老闆對我有個好印象，並加深我和老闆的信任關係，我拚命地掩蓋工作中出現的問題，能不講的絕對不講，就算是非講不可的，我也會「塗脂抹粉」，華而不實地打扮一番之後，才拐彎抹角地講出來。結果不但沒有博得老闆的信任，反而讓老闆對我的個人誠信產生了懷疑，現在想想真是得不償失。

那麼正確的做法應該是如何？要用積極主動的心態對待問題，巧妙地和老闆溝通。

首先，當事情的發展出現意外時，你必須立刻進行判斷：這個問題可以在我的控制範圍內加以解決嗎？這個意外會導致當初的承諾無法實現嗎？我還需要額外的資源和支援嗎？如果經過分析後你發現事態的發展有可能會對當初的計畫造成影響，那麼無論這個搞砸的可能性有多大，你都必須主動地以一種積極的心態去找老闆溝通。

其次，該怎麼溝通呢？這時候你就要根據實際情況，用不同的方式，帶著不同的目的和老闆談。

第一種情況：如果事態到目前為止還可以掌控得住，而且你已經採取了積極有效的措施，對原計畫進行了修正和補充，根據最新的消息，事情正在往好的方向發展，那麼這時你的態度就應該是通報進展＋補充資訊＋傾聽老闆意見。

第二種情況：如果事情的發展已經超出了你可掌控的範圍，原有的承諾已經無法實現，那麼這時你的正確做法就更像是一場危機處理了：通報最新進展＋誠實解釋原因＋管理老闆情緒＋拿出新的解決方案＋就新方案和老闆重新達成共識。

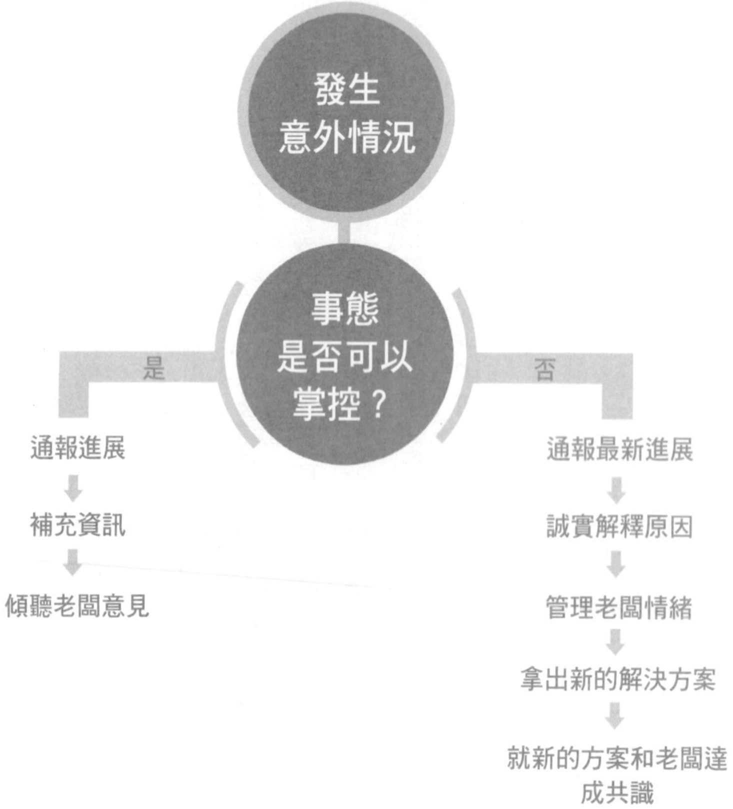

▲ 發生意外狀況的處理步驟

18▼重塑信任：期望值管理三步驟

當你把所有的問題都攤在老闆的面前之後，接下來我們也就進入了重建老闆的信任的第二個要點：期望值管理三步驟：設定期望值－管理期望值－鞏固信任關係。

設定期望值並不複雜，但要想正確地管理它就不容易了。尤其是在事情搞砸了之後，當我們一五一十地把這個爛攤子向老闆做了彙報之後，面對暴跳如雷的老闆，我們該怎麼去安撫他，怎麼去處理自己原本設立的那個期望值呢？

事情到了這一步，你一定要明白這樣一個道理：管理期望值，不等於降低期望值。如果你不能和老闆在核心的目的和利益上達成共識，那麼單靠在目標、關鍵績效指標（KPI）和時間表上和老闆討價還價，這種做法是絕對過不了關的。比如你原來承諾這個月完成一百萬元的銷售任務，結果到月中發現差得太多了，怎麼辦呢？去找老闆討價還價，降低他的期望值：「老闆，很困難，完成不了，不然降低目標——五十萬行嗎？不行的話六十萬？還不行啊，那就七十萬？再高我真的不行了啊！什麼？一定要做到八十萬？那就八十萬吧！」

這不就是平時很多人達不到目標或者把事情搞砸時，和老闆聊天的標準姿勢嗎？其實其中道理誰都懂，而且誰也不想這樣，只是實在找不到更好的辦法安撫老闆。接下來我講一個發生在我的ＭＢＡ學生身上的真實案例，看完後或許你就能知道怎麼管理老闆的期望值了。

這個故事的主角是一家手機公司的產品研發部經理。幾個月前他的老闆交給他一項任務：開發一款自有品牌的新手機，而且必須在近期上市。接到任務後他和公司所有的部門進行了前期的調研和分析，最後給出了一個四週上市的行動方案。老闆當時非常滿意，立刻根據他的計畫書中的時間表，召開了全公司所有部門主管參加的籌備大會，於是整個公司都動了起來：公關部提前預訂了新產品發布會場地；行銷部開始進行廣告投放；人事部開足馬力開始招人；業務部門與各地經銷商簽訂合約……公司上下都做好了準備，去迎接本年度公司最重要產品的上市。四個星期！只許成功不能失敗！

但是到了第二週，他發現整個研發進度遠遠落後於預期，因為他自己之前的技術分析沒有做好，低估了新產品的開發難度。面對這個爛攤子，他嚇壞了，他當時不敢主動去和老闆談，因為他害怕破壞老闆對他的信任，而且他知道全公司所有部門都做好了四週上市的準備，該花的錢都已經花了，如果這時候跟老闆說事情有可能搞砸，那老闆怎麼可能不責怪他！於是他就選擇了最蠢的一種方法：不向老闆預警，同時拚命地壓榨自己的研發團隊日夜趕工，幻想著能在最後一刻追趕上原有的進度。結果呢？一件原本可以挽回的事情，最終變成了一場徹頭徹尾的災難。技術問題最後還是沒有得到解決，因此四週上市變成了一句空話，公司的聲譽受到了嚴重的損害，經濟上的損失那就更別提了，而他本人最後也灰溜溜地被公司掃地出門，得到的是一個澈底的雙輸結局。

19▼如何管理老闆期望值

那麼正確的做法應該是什麼呢？簡單來講，當事情搞砸（或者將要搞砸）時，要遵循以下步驟去管理老闆的期望值。

第一步，誠實客觀地承認錯誤，千萬不要隱瞞犯錯、事情搞砸的原因，因為如果你不能一上來就把這件事講清楚，並被老闆理解和接受，那麼後面的步驟你根本沒辦法進行。老闆會反覆在發生問題的原因上和你糾纏不清，所以要安撫他的情緒，讓他千萬不要懷疑你所說的話，這一點非常重要！

第二步，一定要在自己的內心深處想清楚在這件事情中，什麼是老闆的核心目標，及什麼是他最重要的期望值。比如前例中提到的那個ＭＢＡ學生，其實他的老闆在本次事件中最核心的訴求並不是四週上市，也不是說，不按時上市就會造成損失。從本質上來講，他最關心的是效益！如果你明白了這點，那就應該在整個溝通中始終將著力點放在如何為老闆賺取更多的效益上，而不是反覆糾結於上市的時間。只有在最本質的期望值上和老闆達成共識，那你和老闆才有可能最終一起找到雙方都同意的解決方案。

記住，老闆的期望值是能獲取更多的效益！在這個期望值上，你絕不能和他討價還價，更不能降低他的期望值！第三步，提供切實可行的解決方案。問題已然發生，那就趕快修改原方案，或者找替代方案。在提供新方案時，請注意以下三點：

第一，儘量讓老闆做多選題，而非單選題。也就是說，最好給出備選方案，從前述案例中具體而言，產品研發部經理就應該給出最少以下兩種建議：①不增加投入，但是需要延長研發週期N週；②按時交貨，但是需要額外的投入和支援。第二，無論哪種方案，都需要將它們的優缺點客觀並全面地講清楚，你可以表達自己的傾向性，但是絕不能選擇性地蒐集資訊和資料，以影響和欺騙自己的老闆去接受對你有利的方案。比如針對上訴案例的情況，你可以說：①方案的好處是沒有額外的金錢投入，不需要改變技術參數，

如何管理
老闆期望值
01
誠實客觀地
承認錯誤
02
找出老闆最核心
的訴求和目的
03
提出新方案，最好是
多選題，客觀全面地
把優缺點講清楚

▲ 管理老闆期望值的步驟

但是壞處是無法按時上市對公司聲譽會造成影響，同時會因此和供應商在合約方面產生一些法律上的糾紛。但從長遠的角度來看，可以給公司帶來多少收益。如果選方案②，那麼好處是什麼，壞處又是什麼，一共可以帶來多少經濟上的回報或者損失。千萬記住，老闆的期望值就是效益！因此無論哪種方案，都要始終圍繞著能否給老闆增加效益這個基本點去轉，絕不能在這件事情上含糊帶過！

第三，就新方案和老闆達成新的共識，然後立刻採取行動。

20▼準備預備方案，不為自己設下陷阱

在關於期望值的溝通中，除了前幾章講到的幾點，還有一個非常重要的步驟，即是「在給出的新方案中，以預防性措施為主」。

回到上一段的那個案例中，如果以後向老闆介紹新方案時，老闆心有餘悸地問你：「那你做個保證，之後還會再出問題嗎？如果再出問題怎麼辦？」你該怎麼回答？說「會」？那老闆肯定會生氣！你已經搞砸一回了，現在又說還有可能會出問題，那要你幹什麼？

拍胸脯說「一定不會」？可是技術研發這種東西誰能精準預測呢？如果我現在敢於這麼肯定地拍胸脯，那麼老闆的第二個問題怎麼回答——如果再出事怎麼辦？這不是自己為自己設下陷阱嗎？這時候就需要給出預防性的措施，這是避免出現以上種種尷尬的最好辦法。

什麼叫預防性措施？簡單來說，就是在給出任何承諾之前，一定要預先想到可能

的風險，並為這些可能性提前制定出應對的方案；如此一來，就算是潛在的危機出現，你也不會手足無措，而且最關鍵的是，不會讓老闆覺得你是個言而無信的人，因為你已經提前告知了可能出現的各種狀況，並準備好了預案，換種說法，就是給老闆設立一個「合適」的期望值，這樣當事情出現了偏差時，你的老闆就不會手足無措，更不會對你問責了。

把這個概念帶回到前述的案例中。最好的做法是，研發經理第一次給老闆做出四週上市的期望值設定時，應該充分地預想到可能會出現的潛在風險，比如開發難度分析不足、市場環境發生了改變、嘗試生產的過程中出現了偏差等。然後基於這些風險，在原始的計畫中加入預防性措施。

他可以這麼做：根據技術研發的流程和進度，我發現一共會有四個主要的技術難點要克服，從技術研發進度的角度來看，它們分別會出現在第一週的週五（或第二週的週四／第三週的週五），因此我建議公關部的新產品資訊不要一次性發佈，頭兩週只是做預告，但不要放上具體的上市時間。建議可以這樣進行宣傳：近期內將有一款顛覆性的手機產品上線，它將徹底改變你對手機的理解。到第二週我解決了最主要的那些技術難題後，已經可以比較準確地知道上市時間了，那我們再進行第二波宣傳，然後第三波、第四波。與此同時，銷售部、行銷部和HR都按同樣的邏輯，制訂自己的徵才計畫、簽經銷商合約、準備新產品發佈會等工作，這樣就算預估的風險出現，也不會為公司造成過大的損失。

犯錯並不可怕，可怕的是你沒有擔當，不敢承認失敗，沒有誠信且不知道要從錯誤中吸取教訓，不懂得自我學習和自我提升，這些才是影響老闆對你的信任的關鍵！

✔掌握正確技巧，在犯錯時還能挽回老闆信任

當我把事情搞砸了以後，怎麼挽回老闆對我的信任？

第一，用積極主動的心態對待問題（機會），巧妙地和老闆溝通。記住，找老闆之前一定要先仔細分析最新的形勢，然後用不同的方法去和老闆彙報：只是告知動態，還是需要重新管理期望值。

第二，學會期望值管理三步驟：設定期望值—管理期望值—鞏固信任關係。管

理期望值絕對不等於降低期望值，你首先要找出老闆最核心的訴求和目的，然後圍繞著他的期望值提供新的方案，這個新方案最好是多選題，而且還要客觀全面地把優缺點講清楚，和老闆一起做出選擇。

第三，在給出的新方案中，以預防性措施為主。向老闆做出承諾之前，一定要多想想有什麼潛在的風險，並提前為這些風險準備好預備方案。

第 5 章

老闆拍腦袋做決策，該怎麼辦

在管理和老闆的關係上，有一類很難處理的情況，你或許曾經或者即將要碰到，那就是當你覺得老闆的決定是錯的時候，應該怎麼和他談判？

作為下屬，相信你一定會遇到老闆動不動就「拍腦袋」*做決策，最嚴重的是，從你的判斷來看，這些決策是「錯誤」的！那麼身為下屬，當發現老闆做錯事的時候，什麼才是「針對老闆」的最佳方式呢？

向上談判「三部曲」主要有三個要點：

1. 立足於「我們」，而非「我」；
2. 不談對錯，關注妥協和交易；
3. 利用「與老闆談判工作表」做好談判前的準備。

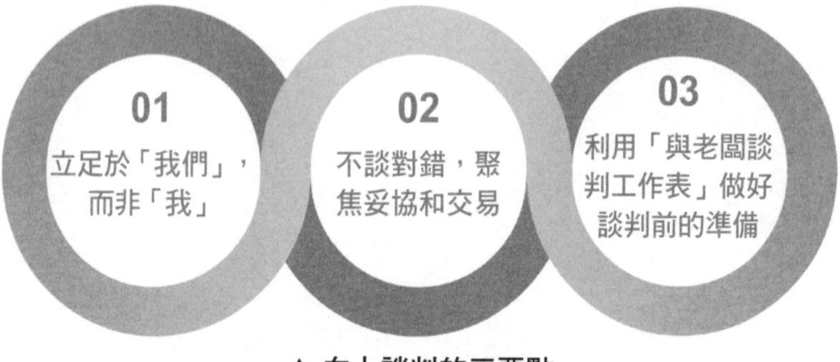
01
立足於「我們」，而非「我」
02
不談對錯，聚焦妥協和交易
03
利用「與老闆談判工作表」做好談判前的準備

▲ 向上談判的三要點

21 ▼老闆的抉擇，也許有他的理由

我在職場行走了二十四年，從一位工作了半年就被老闆掃地出門的職場新人，一路走到全球五百強公司副總裁的位置，其中最大的一個感悟，就是要學會用「我們」而非「我」的思維來看待與職場關係的合作和衝突，甚至是矛盾。這裡面就包括上下階級關係。毫不諱言，在我二十四年的職業經歷中，共事過十五位老闆，如果你在我還是這些人的下屬時問我，這十五位老闆中有哪些人可以被我稱為「有能力、睿智、理性、不隨便做決定」的好上司，那我可以非常負責任地告訴你：只有一個。可是當我後來慢慢升到他們的位置之後（甚至成了他們的上司），我才真切地意識到，其實真正沒有能力、不睿智、不理性的人是我，因為我不懂什麼叫「用老闆的眼光看待這個世界」。

很多年以前，我曾經管理過一個亞太區的營運團隊，手下管理著大概四、五個國家

* 中國用語，意旨在沒有深入實際的情況下憑主觀願望做出了決策。

的業務，每一個國家就有一位營運總經理。有一年，其中一位總經理因為個人職業發展的原因，申請調到別的部門去了，這個職位就空了出來。對我來講，當時我有兩種選擇去補這個缺：一是把原來總經理的一個下屬直接提拔上來補這個位置（他當時是高階營運經理）；二是下派一位總部的專案管理總監，這個專案管理總監當時是我的直屬部下。

說實話，這兩種選擇各有利弊，如果直接把下屬提拔上來，這個下屬的優勢是他很熟悉當地的情況，和團隊的關係也很密切，而且具有豐富的一線管理經驗；但他的劣勢也很明顯，這個人大局觀不太強，而且他在高度壓力下工作非常容易情緒化。以前有那位總經理在上面提點他還好，如果真把他提拔上來，獨立管理一個國家的業務，凡事都需要靠他自己獨立做決定，我真的沒有十足的把握。

如果直接把我的一個專案管理經理派過去，好處是這個人有大局觀，具備豐富的專案管理經驗，成熟穩重，而且懂得自我激勵，自我學習能力很強；但是劣勢也很明顯，他沒有豐富的一線實際工作經驗，而且也沒有帶過超過五十人以上的大團隊，而當時在這個國家的整個客服團隊有上千人，而且他並不熟悉當地情況。

當時我真的是挺糾結的，到底該選哪位？但是現任的總經理只給了我一個月的時間，我必須儘快做決定。最後我在綜合考量了自己對這兩人過往幾年跟我共事的經歷，以及我對他們的瞭解，再加上我徵求了 HR 和很多其他跟他們一起工作過的跨部門高階主管們的意見後，做出了一個方案：把我的專案管理的直屬下屬派到當地，去擔任這個國家的客服總經理。

此項任命是週三發布的，結果不到三天，我就聽到了一個既震驚但是又不意外的消息：那位落選的高階營運經理，因為忍受不住打擊及內心的鬱悶，開始在外面尋找機會，並把這個消息散布了出去，有種「此處不留爺，自有留爺處」的豪邁感覺。

22 ▼有時要少點抱怨，多些理解

當消息傳到我的耳朵裡時，我的心情五味雜陳，我當時並不太想讓他離職，原因有以下幾點：

第一，他的工作成績還是不錯的，而且也頗具潛力。雖然說他自身確實有著諸多不足，這次他並不是最佳人選，但這並不意味著他將來就無法晉升到總經理的位置。

第二，從私心來講，我也不想讓我的下屬，尤其是在一線打拚的那些營運團隊的同事們，覺得老闆沒有人情，只喜歡任用身邊的人，你讓我們辛苦工作，結果有了升遷的機會，卻把我們忘了。

第三，從我個人的角度考慮，我不想在短時間內，因為過多的人員流失，造成當地的營運出現狀況。因為營運一旦出現狀況，最終真正影響到的是誰呢？還是我個人的業績！所以為了自己，我也希望他在短期內不要離職。

出於以上幾點考量，再加上我當時確實也覺得有一點對不起他。所以到了星期一，我就想約他，跟他聊一聊。結果沒等我找他，他就迫不及待地主動來找我，傳微信訊息給我說：「老闆，我很鬱悶，我一定要跟你談一談。」然後星期一一大早，我們就開了電話會議。

結果會議開得十分鬱悶，原本一個小時的會，最終不到三十分鐘就草草收場了。

電話一接通，我就直接問他：「怎麼樣，聽說你要找我聊一聊。」我的話音未落，他就開始傾訴衷腸了：「老闆，我覺得很不開心！」於是我也裝糊塗地反問道：「你為什麼不開心呢？」他說：「老闆，我覺得你這個決定是錯誤的！因為我仔細對比過，我和××（新任總經理）相比，我發現我比他更有優勢，我在這邊已經待了六、七年了，我比他更熟悉團隊，我也更熟悉當地的情況，我和其他部門的關係更好……」

他大概講了快十五分鐘，我聽得都快犯尷尬癌了。然後中間在他停頓的時候，我趕快插話：「你講的這個我能懂，但是你讓我向你解釋一下，我為什麼會選擇他。」但我沒講兩句，就被他打斷了，他說：「老闆，你說的這些我都懂，但是他的那些優勢我也有啊。」接著就又像祥林嫂*一樣，向我細數了他這段時間以來的工作成就，又講了十

---

* 祥林嫂是魯迅小說《祝福》裡的人物，後輩引申為形容人嘮叨、喜歡逢人就抱怨悲慘身世的形象。

五分鐘。

說句實話，我這個時候的耐心基本上已經快被磨平了，於是我也很直接地打斷了他：「年輕人，該說的我們也都說了，那你直接給我一句話，你最終的決定是什麼？」他猶豫了一下，告訴我，他還是想去試一試其他部門的機會。我又最後問了一句：「那你覺得我現在做什麼可以讓你改變決定？」他想了想，最後說：「我還是想去試。」我只能對他說「祝你好運」。

23 ▼立足於「我們」去看事情

電話會議結束後，我立刻做了幾件事：

第一，我馬上召集人資部門還有即將被派到當地的新任總經理開了會，將未來中國區的組織架構重新做了規畫；簡單來說，直接把那位準備辭職的高階營運經理從未來的架構表中剔除！

第二，馬上在現有的團隊裡，從和他同階級的高階營運經理中挑出了兩位人選，派新任總經理立刻和他們談話，然後重新劃分了他們的工作範圍，將原本的團隊打散，重新分給這兩人。

第三，該升職的升職、該加薪的加薪、該畫餅的畫餅，一時間整個中國區、整個團隊，所有人都覺得非常開心，因為每個人的工作範圍都擴大了，都有了新的希望。結果到最後，大家全都歡欣鼓舞，紛紛爭相表示一定要做好支援新任主管的工作，同心同德，共創輝煌！

三週過後，傳來了一個消息，這位離職的高階營運經理去面試其他部門沒成功。他只好灰頭土臉地回到了本部門。這個時候就尷尬了，他原來部門的團隊已經被打散，分配給了別人，所以留下來沒他的位置了。走不了也留不下，結果他就變成了一個非常尷尬的存在。

這個朋友犯的最大的一個錯誤，就在於他只立足於「我」，而沒有立足於「我們」去向上談判。

如果他能按以下三個步驟去做也許結果就截然不同了。

第一步：可以表達自己的鬱悶，但無須在老闆面前演戲，真誠坦率地告訴老闆自己內心無比失望的感受，換取老闆的理解和同情。

第二步：無論你個人有多麼鬱悶，都必須無條件接受組織已經做出的決定：也就是他覺得最錯誤的那個決定。其實我真的不知道我當初做的那個決定是對的還是錯的。但是二十多年的職場經驗告訴我，已經發布的決定是絕對不能更改的，這一點自始至終我都非常堅持，甚至我不惜做出犧牲。比如犧牲掉這位高階營運經理，因為我知道，一個組織要想良性運轉，就像一台機器一樣，是需要規則和程式的。你或許可以質疑，或者是校正某個個體的好壞優劣，但是絕對不能去挑戰規則本身，因為打破一個規則，可能比壞規則本身對組織和個人所造成的危害還要更大。這件事沒有什麼對錯，就像歐美電影裡，經常講的那樣：「對不起兄弟，這全都是為了做生意（It's all about business）！」

24 ▼支持上司，學會妥協

在向上談判中要注意的第二點是，和老闆談判，不談對錯，關鍵在於妥協和交易。

在前述案例中，其實從一個老闆的角度，我當時都已經做好了補償和安撫那名高階營運經理的決定。也就是說，如果他真心接受安排，也就是我做出的決定，而且積極配合新任主管儘快去熟悉情況，幫忙團隊順利渡過難關的話，我相信我當時會立刻做出一些妥協。比如考慮給他加薪，馬上調整他的職務級別，雖然無法把他立刻提升到總經理的位置，但我完全可以為他做調整，比如擴大他的團隊規模，給他更多、更新的發展機會，而且將來如果有哪個部門的總經理崗位出現空缺，我都會優先考慮他。

這時對他來說，只要他拿出付出物，也就是他對組織和老闆所做出決定的理解、接受和支持，並且服從，那麼他就一定能換取獲得物。獲得什麼呢？獲得老闆的信任、今後的優先發展機會和在老闆心目中長遠的價值。

25 ▼換位思考，體諒主管

聽完了這個令人不勝唏噓的小故事，下次當你要和老闆進行有建設意義的談判時，就必須學會使用下面這張「與老闆談判工作表」。

第一步，站在老闆的角度來看待整個事件，找出引起此次談判的核心問題，並以此為出發點來準備支撐整個談判的資料。比如這時候你可以問自己以下幾個問題：

1. 引起這次談判的事件、問題或機會是什麼？

2. 我認為老闆的目標是什麼？

3. 從我的建議和方案中我能保證給老闆帶來哪些好處？會有什麼風險？

第二步，在保證老闆的利益得到滿足的同時，如何讓自己的訴求也能得到實現：這就叫「我們」的思維模式。此時你可以問自己這些問題：

1. 在這次談判中我的目標是什麼？
2. 在這次談判中我期待獲得什麼結果？
3. 我如何影響老闆的心態？從老闆的角度出發，我應該如何定位我的方案或建議？

第三步，儘量不要以單選題展開討論，提供備選方案將極大地減小老闆說「不」的機率，同時讓他感受到你的客觀

與老闆談判工作表 使用這個表格來準備你與老闆的談判	
第一步	引起這次談判的事件、問題或機會是什麼？
	我認為老闆的目標是什麼？
	從我的建議和方案中我能保證帶來哪些好處？
	會有什麼風險？
第二步	在這次談判中我的目標是什麼？
	在這次談判中我期待獲得什麼結果？
	我如何影響老闆的心態？從老闆的角度出發我應該如何定位我的方案或建議？
第三步	如果老闆不接受我最初的方案，我還能提供什麼備選方案？

▲ 與老闆談判的三步驟

和開放的心態。可以問自己：

如果老闆不接受我最初的方案，我還能提供什麼備選方案？

✔當老闆做錯決定時，你可以這麼做

當我們發現老闆又做出了一個我們覺得錯誤的決定時，正確的處理方法是：

第一，立足於「我們」，而非「我」。也就是說，你一定要多站在老闆的角度去思考為什麼他會做出如此不可靠、錯誤的決定，我相信只要你足夠客觀和理性，只要你真的是從「我們」而非單單從「我」的視角看待問題，那麼老闆的大多數決定，就一定不是所謂的不加思索的決定了。

第二，不談對錯，聚焦妥協和交易。誠實地表達自己的感受；無條件接受老闆已經做出的決定；拿出自己的付出物，去換取老闆的信任和機會。

第三，做好談判前的準備。理解並熟練掌握「與老闆談判工作表」，把和老闆的每一次談判都當作和他加深理解、鞏固信任關係的好機會。

Part 2

與同事高效連結，擁有職場能見度

第 6 章

讓你的話語權大過你的頭銜

在我們的職場關係管理中，除了打造向上的關係，也需要刷新與同事相處的模式。如何才能讓自己在團隊中有足夠的曝光度，使影響力和話語權大過你的頭銜？你必須明白以及做到以下三點：

1. 你的話語權與職位無關；

2. 打造非授權型影響力，助你脫穎而出；

3. 在公司中塑造大過職位的個人影響力。

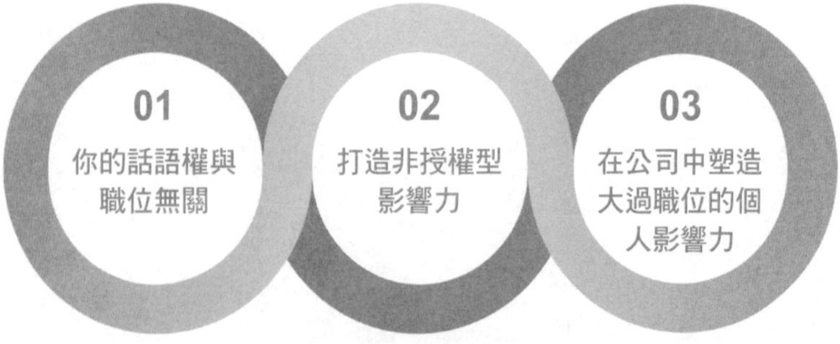
01
你的話語權與職位無關
02
打造非授權型影響力
03
在公司中塑造大過職位的個人影響力

▲ 三點讓你有職場能見度

26▼你的職位，不等於你的話語權

首先，你在公司中的話語權和影響力，其實並不是由你的職位決定的。

相信很多人小時候都會有這樣一種感受：真正在班級裡最有權威，同學們最仰慕他、最聽他話的人，往往並不是班長或者班幹部那些由老師給與職位的人。那麼什麼樣的人通常在班級裡最有號召力呢？通常是最能夠幫同學出頭解決問題的人、知識最淵博的人等。

孩子們的世界如此，其實成年人的職場也一樣。在公司裡，當你和同階級的同事打交道時，比如因為跨部門的專案合作，或是因為部門之間「利益分配不勻」（資源調配、任務分解、利益平衡）發生了衝突，或者只是工作中出現了困惑，希望能找個人指點迷津，你首先想到的人是誰？或者說你覺得這時候誰站出來說話會對事情的解決非常有幫助？

此時在你的腦海中出現的名字，很有可能並不是你職務上的老闆，而是那些「無冕之王」——就是那種職務並不很高，但是在同事中非常有人緣、有公信力，而且值得大家信賴的人。此時大家對他的信任、尊重和服從，就是源於一種與職位無關的影響力。

記得每當我在ＭＢＡ的教室裡講授「領導力原則」時，很多職場人，尤其是那些初階的管理者，通常會有一個思維上的謬誤：想當然地把職位的高低與管理者在組織中的話語權、領導力和權威相提並論。也就是說，很多職場人認為，誰的職位越高，誰的話語權就越大，影響力也就越廣。因此按照這種邏輯，對於那些公司中還沒有混到一官半職的基層員工，或者剛剛當上基層主管的人來講，談到建立自己的領導力、影響力和話語權，是沒有意義的，因為自己在現階段根本就不用考慮這些問題，只有升到了領導者的高位，再談領導力才可靠。

其實這種想法是錯誤的，而且對你在職場中的發展也相當不利。因為按照管理學的理論來說：個人的領導力與影響力，並不是由組織

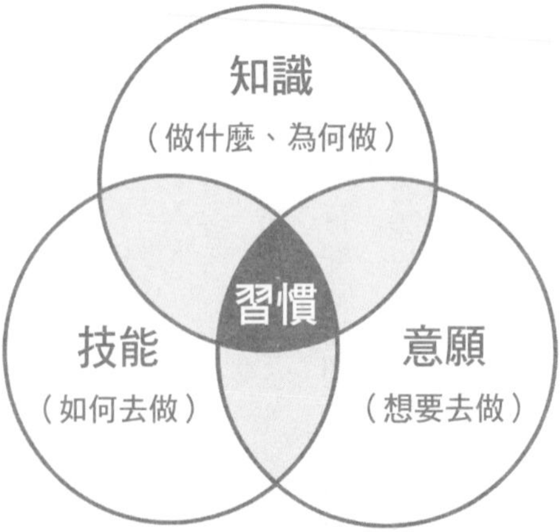

▲ 行為習慣的組成三要素

授權的，從本質上來說，它其實是一種「行為習慣」。說得再細一點，這種獨特的行為習慣是由三個因素所組成的合體：知識、能力、意願。

知識：知道要做什麼，以及為什麼要做這件事。能力：當目標設定了以後，有能力把它做對、做好。意願：渴望去做，願意主動積極地去做。

所以，無論你現在在公司裡擔任什麼職位、有沒有很高的頭銜，這些和你的話語權其實並沒有太大關係。真正讓你的同事尊重你，願意聽你的意見，甚至心甘情願地追隨你，靠的是你自己獨特、卓越的領導力行為習慣。

27 ▼亞馬遜的遊戲規則

我曾經擔任過亞馬遜的副總裁，這是一家目前上升勢頭非常迅速的公司，二〇一八年九月已成為市值超萬億美元的公司。亞馬遜之所以會取得如此傲人的商業成就，這和它內部非常獨特的管理哲學和方法密不可分，這其中就包括潛在領導者的挖掘與培養機制，比如當我們要提拔一名員工到更高的階級時，最需要考慮的因素是什麼。

亞馬遜的「升遷遊戲」通常是這樣的：首先由被提拔者的主管進行提名，然後HR會要求被提拔者填寫相應的檔案和表格，在這份「自證卓越」的個人「吹噓」材料中，最大的亮點不是你在職位上所取得的成績，而是要你從三百六十度的視角找到最少五到六位上司、同事以及下屬為你寫出正反兩面的意見，而這些意見和回饋的著力點，就是關於你的領導力和影響力。當這些材料蒐集完後，此次「升遷遊戲」中最大的亮點就要登場了，那就是全員領導力考察（OLR）。這是一個由全公司所有部門主管參加的會議，每年舉行一次。在這個會議上，要透過集體決策的方式，最終拍板決定本年度所有的升遷者。注意，這裡面有兩個亮點我必須加以強調。一是與會者是來自公司所有的部門，也就是說，如果你只搞定了本部門的主管，但是其他部門的領導、同事對你沒有印象，或者有不好的印象，那麼你升遷的機會就微乎其微！二是與會者討論的重點不是你在當前職位和職級上所做出的成績和表現，他們最關心的是你能否做好下一份工作，以及是否具備影響和領導更高階主管的能力。這種能力，在亞馬遜內部就被叫作「非授權型」的影響力。

假如你現在就在OLR會議的現場，那麼你會頻繁地聽到與會者問下面這些問題：

1. 看了 Peter 的升遷介紹資料，我想問一下他的主管：如果我們現在就把他升到下一個階級，那麼和你們部門中那些已經在這個階級的同事相比，Peter 的影響力和領導能力能夠排到第幾名？（此時如果名次偏後，那麼這個挑剔的傢伙可能還會追加一個問題）既然 Peter 的排名如此後面，那麼為什麼不從外面聘請一個更合適的人選呢？為什麼一定要升他呢？

2. 作為 Peter 跨部門的同事，我曾經在某專案上跟他有過合作，在那次合作中我認為他推動整個專案的能力和效果並不好，因為當他和其他部門發生衝突和意見分歧時，他不能迅速做出反應，而且他說服和影響別人的技巧很差，態度也很生硬。我對他能否承擔更大的挑戰，處理更加複雜的跨部門合作和協調關係確實沒有信心。

3. 作為Peter的HR合作夥伴，我覺得他在本部門的曝光度和影響力是不錯，但是在整個公司的層面，我覺得他的知名度、影響力，還有話語權就顯得非常薄弱。我想問一下他的老闆，你覺得這種現象是和他自身的領導能力相關，還是你對於他的指導、工作安排不足造成的？請你向我們澄清一下好嗎？

這些苛刻、無情、嚴厲的問題都是在考察你的非授權型影響力。越是大型的組織架構，越是新創、變化快速的公司，就越看重你的這種能力。因為那些靠組織任命所得來的影響力和權威，並不能顯示出一位管理者真實的能力。

所以說，你在一家公司裡的話語權，其實真的和你的職位沒什麼關係。真正考驗一個領導者的，是他的非授權型的影響力和權威。

28▼塑造你在公司裡的影響力

那我們要如何具備這種能力，如何在公司中塑造大過職位的個人影響力呢？

根據我的經驗，想在整個公司成為那個曝光度高、話語權強、值得大家尊重和信任的人，以下三點缺一不可：第一，消除本位主義的狹隘思維方式，從更高的層面、更廣的視野看待個人影響力；第二，勇於對自己的行為負責；第三，擴大自己的影響圈。

1. 消除本位主義：別只看見眼前的利益

所謂的「本位主義」思維，就是指在工作當中只盯著自己的一畝三分地，認為只要在自己的部門、小團體當中受人尊敬，有權威和話語權就行了，至於老闆的大團隊、其他的合作單位，甚至整個公司，那就不在我的考慮範圍內，反正這些人既不歸我管，我也不向他們彙報，沒必要和他們有關係。其實這種想法是錯誤的，前面已經講過，個人影響力和組織架構表沒有關係，因此，你的視野應該放到更廣的位置，這樣才能在整個公司中為自己累積超高的人氣和影響力。

2. 對自己的行為負責：別損傷關係

至於勇於對自己的行為負責，這是因為當你將自己的手「伸到其他人的碗裡」時，就一定會和你的同事、同級的合作夥伴產生關係，這個時候很容易造成衝突和矛盾；一些不成熟的領導者就會在出現問題時給自己找藉口：「這個和我沒關係，這不屬於我的職責範圍。」「我就說了不要操那麼多心，你看，現在搞砸了吧？」此時的推卸責任，是最會損傷你和同事信任關係的一種行為。

我很喜歡《與成功有約：高效能人士的七個習慣》這本經典的管理學教科書，其中的第一個習慣就叫作主動積極（be

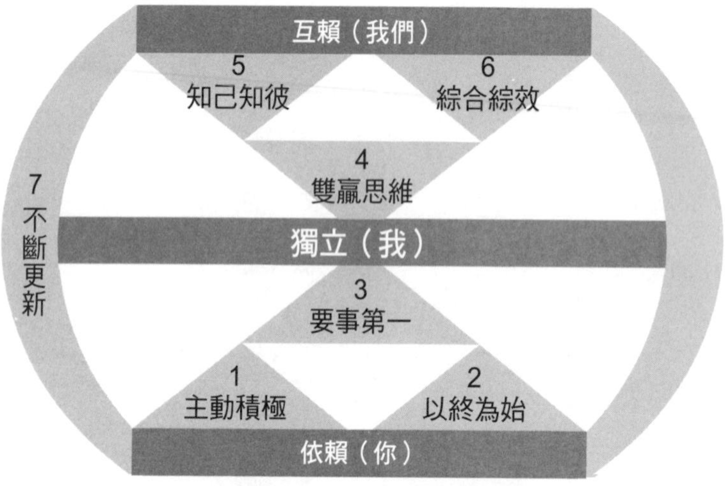

▲ 高效能人士的七個習慣

proactive）。作者史蒂芬·柯維在書中提出了一個非常棒的概念，叫作影響圈和關注圈。按照他的解讀，每個人都可以透過積極主動的努力，來擴展自己的自由度與影響力。下圖展示了這七個習慣及其關聯。

3. 擴大自己的影響圈：積極主動，打造個人影響力

什麼是影響圈和關注圈呢？讓我們先看一下這張圖：所謂的關注圈就是指所有個人關切和擔心的事情；而影響圈就是指一個人所能夠影響到的事情。舉個例子：在整個公司中，能決定和左右你個人的影響力和話語權的事情都有哪些呢？一般而言，可能有以下這些因素：

你和公司大老闆是否認識，你在公司中的職位，你的家庭背景，學歷狀況，其他部門主管對你的瞭解和信任，你對於專業知識及公司業務的熟悉程度，你和公司同事的信

▲ 關注圈與影響圈

任關係等。

在這些因素當中，有一些可以被歸納到關注圈，有一些則屬於影響圈。比如你生在什麼家庭？有沒有受到良好的教育？你和大老闆有沒有親戚關係？這些都屬於關注圈的範圍。也就是說，雖然它們和建立你的影響力有關聯，但是它們都是你無力改變的。無論你喜不喜歡、高不高興，它們都已經是既定事實，所以就算你再關切、再重視、再計較，也對它們無能為力。

在這裡，你真正能夠改變的，是那些在影響圈中的內容。你雖然不能改變自己的出身，成為大老闆的兒子，但是完全可以透過自己的努力，積極主動地和其他部門的主管、同事們多接觸、多交流，逐步加深別人對你的信任和瞭解，從而和全公司的人建立起信任和諧的關係。此時你一定要在內心消除本位主義的狹隘思維方式，不要覺得這件事不歸我管，就扔到一邊去，尤其是當其他部門的合作夥伴向你尋求幫忙時，更要顯示出團隊合作的精神。此外，永遠要對自己的行為負責，做事要有擔當，絕不推卸責任。這些優良的特質在跨部門的合作中尤其重要。你只有堅持不懈地做好這些，才能逐步提升自己在整個公司中的知名度和口碑，並最終打造出屬於你自己的個人影響力。

其實在這兩個圈子當中，還有一些事情是屬於中間地帶。也就是說你完全可以透過個人的努力去改變這些事情的屬性。舉個例子：你的學歷狀況、你對公司全盤業務的熟悉程度；如果你在這些事情上什麼都不做，那麼它們只能是關注圈的內容。換句話說，你一旦大學畢業就不再繼續學習了，那麼你的學歷就只能是大學本科。但是你會發現，要想在公司中得到技術人員的尊重，你原來在大學期間所學到的專業知識已經遠遠不夠用了，這時候就有兩種做法擺在你的面前。

第一種，積極主動的人就會努力做出改變：比如再去讀個 MBA、平時多看看相關的書籍，和專業人員多接觸多學習。如果你能做到這些，那麼學歷狀況就成了影響圈裡的因素了，因為你可以自主地影響它、改變它。

第二種，消極被動的人就只會抱怨而不願做

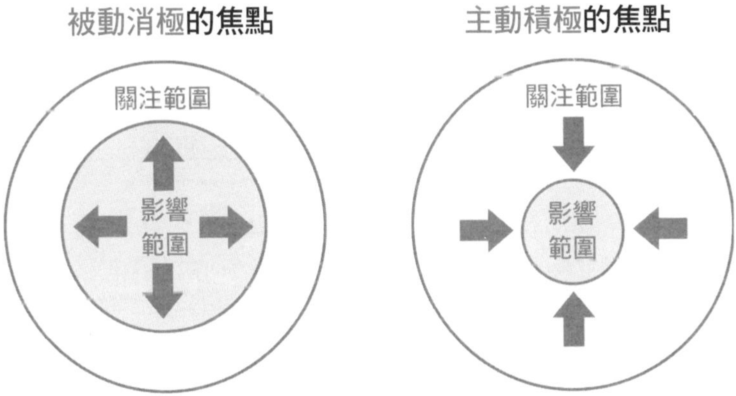

▲ 主動積極與被動消極的焦點不同

出努力，他們只會找藉口：我之所以得不到那些技術人員的信任，在他們部門沒有影響力和話語權，都是因為我的學歷不高。要是我當初再多上幾年學就好了！都怪我家太窮，非要逼著我找工作……

消除本位思想，對自己的行為負責，積極主動地擴大自己的影響圈。只要你認認真真地做到了以上三點，那麼在公司中塑造大過職位的個人影響力，就絕非是一句看著很美而無法實現的空話。

😟 被動消極	VS	主動積極 😊
主管的決定與我無關	⟷	沒提供足夠的資訊
抱怨主管沒聽我的建議	⟷	沒有充分和主管溝通
痛恨老師	⟷	對老師沒有一個正確的判斷
學員太挑剔	⟷	沒有瞭解學員需求
時間太緊	⟷	對內容沒有很好把握

▲ 主動積極與被動消極的比較

✔你的話語權與職位其實無關

要想讓你的話語權大過你的頭銜，那麼以下的三個要素是缺一不可：

第一，你的話語權與職位無關。判斷一個人是否具備卓越的影響力和話語權，要看他有沒有優秀的行為習慣：知識、能力、強烈的意願。這三點可以保證就算你沒有身居高位，也一樣可以在同事中具有超強的話語權！

第二，打造非授權型影響力，助你脫穎而出。記住亞馬遜的升遷討論會議。其實真正決定我們在公司中的地位和發展好壞的，並不是組織賦予的權力，而是那些靠自己的努力得來的，和職位沒有關係的影響力。

第三，在公司中塑造大過於職位的個人影響力。永遠把自己的精力放在影響圈而非關注圈；積極主動地出擊，擴大影響圈，縮小關注圈，這樣你才能掌握自己的命運。

第 7 章

規畫你的獨特人設，提高職場能見度

「人設」，就是「人物設定」的簡稱，相信大家對此並不陌生。如今多少有點名氣的歌星、影星，都會絞盡腦汁地包裝自己，為自己設計出極具個人風格的人設。我覺得「人設」真的是個非常接地氣、好理解又貼切的詞，因此我把它引入到塑造職場個人品牌這個話題中來。

那麼怎樣才能打造出一個極具個人特色，從而讓自己在組織當中能見度超高的人設呢？我覺得以下兩個要素是必不可少的：

1. 利用SWOT分析法，設計具有個人特色的影響力模型；

2. 積極主動地提升你的職場辨識度。

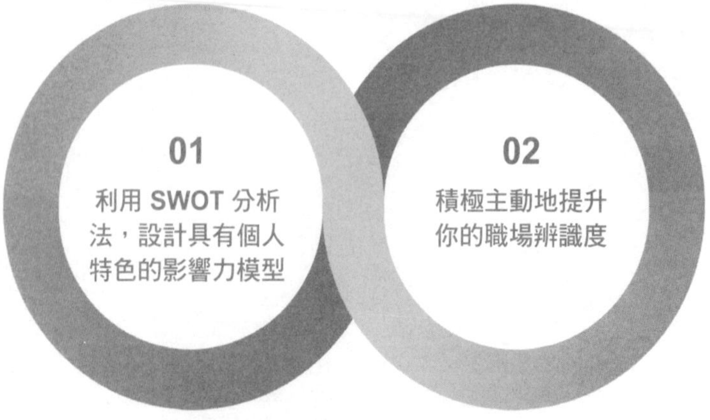
01
利用 SWOT 分析法，設計具有個人特色的影響力模型
02
積極主動地提升你的職場辨識度

▲ 如何打造自己的職場人設？

29▼用SWOT分析法為自己把脈，找出優缺點

什麼是SWOT分析法？如何利用這種分析法設計出你的影響力模型？

SWOT又被稱為態勢分析法，最早用於企業戰略分析。但是我發現，這種思維方式和工具對於個人影響力模型的設定也非常適用和有效。SWOT是四個英文字母的縮寫：優勢（strengths）、劣勢（weaknesses）、機會（opportunities）和挑戰（threats）。它是從內部和外部各兩個維度，對企業的各方面進行綜合和概括，進而分析組織的優缺點、面臨的機會和挑戰（威脅）的一種評估方法。

如何利用這種分析方法呢？

我們先看SWOT中的前兩點：優點和缺點。這兩點都是從內部的視角來分析我們自己的，也就是說，先為自己把把脈，找出自身在影響力上的所有長處和短處，然後逐項填寫進表格中。

就拿我自己來說，什麼是我在個人影響力上的優點呢？

首先分析一下我的性格：我是位個性非常鮮明的領導者，具備辨識度頗高的個人特質；如果不謙虛地來說，就叫作具有獨特的「個人魅力」，比如敢作敢當，勇於承擔責任，不怯場，當危機發生時敢於挺身而出等。

同時，站在我所從事的工作性質的角度來看，我深厚的專業知識和實際工作經驗絕對是個加分題。因為在公司內部，只要討論到使用者體驗、使用者服務、會員制和客戶忠誠度等話題，我的個人意見和看法一定是相當有話語權和影響力的。所謂影響力，其實就是一種在一對一或一對多時，透過溝通、協調、合作、命令等手段去改變他人的思想和行動的能力。如果想改變別人，那麼就必須與他人發生親密的接觸，這時候，你的表達能力以及與他人的相處之道，就顯得尤為重要。

那麼我的劣勢是什麼呢？因為一直以來，我所任職的公司基本上都是外商公司，而且它們的全球總部一般都設在國外，因此當我升到一定的位置之後，就會多多少少遭遇到瓶頸的問題：中國區的高階主管我也當過了，那麼下一步要去哪裡？從HR的架構表上來看，去國外總部工作就成了不二之選。但是這樣一來，我在中國區工作時所累積起來的優勢，因為場景的改變，可能瞬間就變成劣勢，比如我原本出眾的演講技巧和能力，在英文環境中就不靈了；相信在外商公司工作過的人應該都能理解。此外，在中國區，我的人際關係、人緣和話語權那是絕對沒話說的，可是對於歐洲、美洲及亞洲其他國家的高階主管來說，我的曝光度還遠遠不夠。所以，當我們在分析優缺點的時候，一定要注意相對應的場景和環境。缺點中的最後一條和我的性格有關：我有時挺隨性的，也有點情緒化，這就造成當我和其他部門的同事一起共事時，可能說話、做決定會稍顯衝動，其實這對個人影響力是有損害的。

所以你看，所謂的優缺點，可以是你的性格、專業、工作能力，也可能是你的興趣愛好、專長等。

再看機會與挑戰。這兩點是從外部的視角來分析我們自己。

再以我為例，如果我問自己：什麼樣的外部機會會對我的個人影響力模型產生好的作用？這時候我就發現我所處的中國市場絕對是個加分題。因為隨著整個中國網際網路的飛速發展，瞭解中國國情、有中國背景的管理者就會在全球型企業中變得更為重要，這種特殊的經歷會幫助我在一些全球型的專案中受到更多的注意力；就算不是聚焦我本人，但我的中國身分會加重我的曝光度和話語權。與此同時，我在公司中有一個獨特的身分，也會對我個人影響力的設定產生積極的影響，那就是除了本職工作之外，我還在公司中擔任首席使用者經驗管理員的職位。按照亞馬遜的規定，使用者經驗管理員有權參與公司幾乎所有重大專案的討論和決定，這讓我有了大量與其他部門的老闆、同事和下屬產生關聯性的機會。這種溝通合作的機會大大提升了我在公司的曝光度。

那麼什麼是我個人影響力設定上的挑戰呢？透過對公司全球戰略的分析，我發現公司的全球業務重心正在逐步往印度區轉移，這就意味著像我這種立足於中國的管理者，起碼在未來的一段時間內，可能沒辦法像印度區的管理者那樣在公司中佔據核心的位置。再加上公司全球組織架構的調整，原本和我關係密切的一批老闆、同事紛紛離職或者換了職位。這些因素加在一起，都可能對我的個人全球影響力造成一定的負面打擊。

左頁的SWOT分析表對前面的分析做了總結。

Strengths 優勢

- 強勢的性格／個人魅力
- 資深的經歷和專業知識
- 出眾的演講／語言表達能力（中文）
- 良好的溝通能力
- 善於／樂於與人相處

Weaknesses 劣勢

- 在全球組織中的曝光度不足
- 英文的表達不夠專業
- 有時過於隨性／情緒化

Opportunities 機會

- 整體中國市場的飛速發展
- 具有亞太區背景的高階主管偏少
- 擔任首席使用者經驗管理員
- 參與使用者經驗專案的審核

Threats 挑戰

- 公司中國區業務的日漸萎縮
- 全球發展戰略的調整／改變
- 組織架構的更新

▲ 用 SWAT 分析找到獨特人設

30 ▼依據你的影響力模型取長補短

透過SWOT分析，我已經對自己有了全面且清晰的認知，接下來，就到了進入設計個人影響力模型的階段了。這時候我們需要遵循的原則是：取長補短，利用機會，化解挑戰。還是以我為例：那些放在「優點」欄中的能力、技巧，以後都應該予以放大並重點加以發揮。而那些缺點的項目，當自己今後在和其他部門產生關係時，就應當小心避免。與此同時，要積極主動地尋找並利用機會，一方面擴大自己已有的優勢，另一方面有針對性地規避潛在的風險和挑戰。比如我的優點在於表達和與人溝通，那麼在工作中我就應該多去發揮自己的這個優勢，多用溝通、協調、談判去影響別人；此外，多尋找與全球其他國家的團隊和高階主管接觸的機會，鍛鍊和提升自己的英語表達能力和意願——這就叫取長補短。

同時，還要充分利用自己掌握的獨特機會，比如我自身的中國背景，以及使用者經驗管理員的身分，這些都讓我具有了比別人更多更廣地接觸全公司各個部門的機會。

但我也不能忘記那些潛在的風險和挑戰，比如隨著全球戰略的調整，最起碼在近期內，我不能過度發揮自己的中國通標籤，同時要儘早重新審視和加強我的全球關係網；因為組織架構的調整就要來臨，我原來的那些人際關係可能將不復存在，這時候我要未雨綢繆，防患於未然。

經過如此一番縝密的分析和設定，最終我的個人影響力模型就橫空出世了：「個性積極進取，善於表達，具有極強的團隊合作精神、使用者經驗專業素養和全球視野的領導者。」

31 ▼ 三點幫助你提升職場辨識度

講完了SWOT分析，我們已經對自己的個人影響力人設有了一個初步的認知，那麼第二點就是要提升自己在整個組織中的辨識度，讓與你合作的夥伴們都能知道你、瞭解你並尊重你的意見和看法，換句話說，讓自己在公司中具有極強的個人影響力。那這個時候你又應該具體做些什麼呢？

簡單來講，以下幾個動作，都是對提升個人在組織中的曝光度、影響力相當有幫助的：

第一，樹立聰明的得失觀；

第二，積極主動地尋找擴大影響圈的機會；

第三，以幫助者的姿態與其他部門建立關係。

如何提升個人在組織中的曝光度、影響力

01
樹立聰明的失誤
02
積極主動地尋找擴大影響圈的機會
03
以幫助者的姿態與其他部門建立關係

▲ 提升職場能見度的三方法

還記不記得剛才在做我的 SWOT 分析時，提到在「機會」這個模組中我有一個獨特的身分叫作「使用者經驗管理員」？我為什麼要當這個使用者經驗管理員呢？這個經驗管理員的身分是如何幫助我提升自己的個人影響力的呢？除了這種機會之外，還有什麼其他的工具、方法或機會也能達到同樣的目的呢？

我在亞馬遜一共待了將近五年的時間。這是一家非常重視使用者經驗的公司，為了保證公司裡所有的員工（尤其是領導者）都能具有強烈的「癡迷於用戶」的理念和行為，它的創始人傑夫・貝索斯在公司設立了一個非常重要的職位：使用者經驗管理員。並規定：公司當中所有涉及與使用者體驗相關的產品、網站設計、促銷活動和科技創新等，都需要經過使用者體驗管理員的審核與批准。所以說，這個使用者經驗管理員在公司中真的非常重要。但如此重要的職位居然不是專職，而是兼職的。就拿我來說，我的本職工作是中國區副總裁，負責客服中心的營運、網站的維護、用戶自助工具的開發等。可就在這個繁忙的本職工作之外，我還要擔任中國區的使用者經驗管理員，進行全公司員工關於使用者經驗文化的培訓，負責所有與使用者經驗相關專案的審核，參與使用者經驗戰略的制定和實施等。然而我的績效考評 KPI 裡沒有使用者體驗管理員的內容。也就是說，使用者經驗管理員和我的獎金、薪水並沒有直接的關聯。

32▼在職場，要把握一切可能的機會

我為什麼還要去做這個吃力不討好的工作呢？

這份工作看起來為我增加了額外的工作量，而且也不能給我帶來直接、立刻的經濟回報，也就是說，失大於得。但是它不折不扣地給了我另一種比錢更寶貴的利益：我在公司中的個人影響力！

因為要給全公司的新員工進行使用者經驗文化的培訓，所以幾乎一〇〇%的新員工都知道我的名字和工作職責。

因為所有的重大專案必須邀請我參與審核，所以我對整個公司的業務動態瞭若指掌，並且在專案的審核中和所有部門的同事們建立了直接的關係。

因為我是公司最重要戰略的制定者和實施者，因此我會定期參加公司各部門的業務例會、專案例會、戰略制定研討會等。這些會議以及之後的互動和交流，讓我和各層、各部門的主管們有了深入的、一對一的、公開的、私下的溝通，這讓我在整個公司中建立起了非常廣泛的人際關係網。

而最終，這一切的努力都會反映到個人影響力上來。其實說實話，一開始做這個使用者經驗管理員，我也是不情不願的，因為不划算，付出了很多努力，可是對我的業務績效考評並沒有幫助。但是經過幾年的實際操作，我才真的明白：要想在一個大的組織中提升自己的影響力，就不能太計較眼前的得失；與此同時，一定要把視線延伸到更大的領域，積極主動地去尋找可以擴大自己影響範圍的機會。

此外在你和其他部門發生交集、建立關係時，一定要擺正自己的位置，以一種協助者而非麻煩製造者的態度去和他人進行溝通交流，這樣下來，你在別人心目中的價值和地位才能變得越來越重要，最終，你的個人影響力才能得以提升。其實職場中類似使用者經驗管理員這樣的機會還有很多，比如跨部門的專案合作，不同職位間的輪班，擔任公司的內部培訓師，在員工社團中擔任活動的組織者等。這些工作或職位都是非常好的可以擴大自己影響力範圍的機會。

✔規畫好獨特人設，努力提升職場能見度

要想規畫好你的獨特「人設」，提高職場的能見度，那麼以下兩種技能你必須要掌握。

第一，學會使用SWOT分析法，設計具有個人特色的影響力模型。明確知道自己內在的優點以及缺點，然後把視角轉到外部，分析一下什麼是你可以拿來利用的機會，什麼又是你潛在的挑戰（威脅）。蒐集好所有的資訊之後，就可以設計個人影響力模型了。

第二，積極主動地提升你的職場辨識度。千萬別再狹隘地理解得失，在大型組織中要想有超高的人氣和影響力，那你就一定要絞盡腦汁去尋找可以擴大自己影響範圍的機會，以幫助者而非旁觀者的態度去和其它部門的同事們積極主動地建立關係，這樣，你的個人知名度和影響力才能真正得以提升。

第 8 章

進入新環境時，如何快速獲取同事的認可和尊重

上一章我們談到了影響力，因此我們必須與周遭的環境和人群產生連結；那麼當我們與公司中的同事、老闆進行接觸，對他們施加影響時，我們需要注意什麼？假如你現在剛剛換了一家公司，或者調換到了新的部門、進入一個新環境時，如何才能快速獲取同事的認可與尊重呢？

要想做到這一點，有以下兩個祕訣：

1. 要讓職場的前輩接受，並認可你的個人價值。

2. 先「打」後「拉」，與同事建立相互尊重的關係。

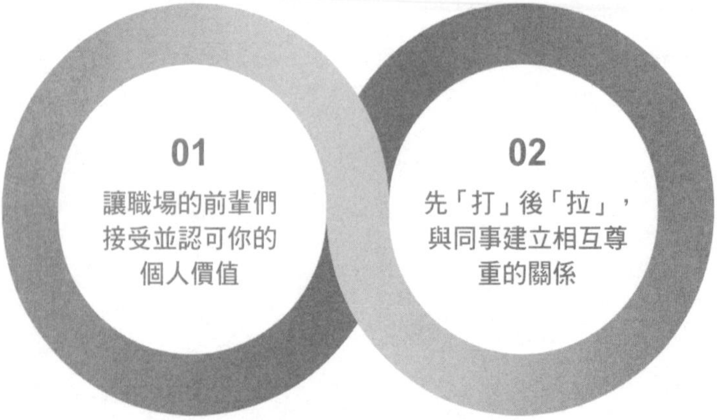
01
讓職場的前輩們
接受並認可你的
個人價值
02
先「打」後「拉」，
與同事建立相互尊
重的關係

▲ 快速獲得同事認可的兩祕訣

33 ▼定義職場的個人價值：誰先想到你？

首先，如何讓職場的前輩接受並認可你的個人價值呢？什麼叫職場中的個人價值？其實很簡單，也就是當你在職場，有事情時會被其他人第一個想到的概率。比方說，所有你認識的和認識你的人，在遇到事情的時候，首先想到的是你，那麼你的個人價值在你的職場裡就是一〇〇％；如果他們遇到問題無法解決時，沒有一個人想到你，那麼你在你的職場裡的價值就是零。所以，你的個人價值在零和一百之間，如果超過六〇％叫及格，達到八〇％就是優秀，九五％以上就是極有價值了。

那麼另一個問題就來了：我身邊的職場同仁為什麼在遇到事情的時候會想到我？這個道理並不複雜，因為我可以實

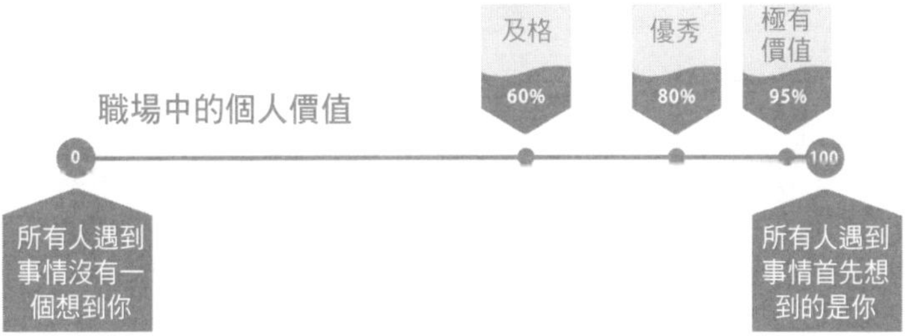

▲ 你的個人職場價值有幾分？

在地幫助他們解決問題。也就是說，我們的個人價值來源於我們可以幫助同事解決多少問題，即我們自己具備多少能量和能力！這裡的能量是指個人在組織中的人際關係能力、話語權、影響力，尤其是那種我們講過的「非授權型」的影響力；而能力是指做人做事的技巧和方法，比如講信用有擔當，深得同事的信任，具備某個領域資深的專業知識，做事有效率，執行力強等。

最後，再來說說怎麼展現出個人價值。在前一章中我們提出了個人影響力SWOT分析表，也以我為案例清晰地列出了我自身的優缺點，以及面臨的機會和挑戰。其實所有這個表格裡的因素都可能成為我的個人價值，或者換一種說法，這些也都可能成為別人想起我、願意接近我、想和我建立關係的原因與動力——因為我能幫他們解決問題。

由此可見，個人價值是讓團隊中的同仁認同並接受你的關鍵，而這一點對於一個剛剛進入新環境的人來說尤其重要！因為人的行為是有慣性的，別人對你的第一印象，與你打第一次交道時雙方互動和交流的情況，會被同事們帶到今後的工作中去。因此，從一開始就要打好今後合作的基礎，這是非常必要的！在此還有一個小祕訣：打蛇打七寸，擒賊先擒王，這樣別人一看才會怕你。所以說，首先解決那些職場中德高望重的老同事，這對你被整個團隊接納和認可絕對是個加分題，因為其他人會有樣學樣，跟著這幫前輩對你刮目相看。

舉個例子：為什麼技術研發小組的工程師願意找我？因為他們知道，產品上架和最終的評估結果需要我的參與和意見，因此提前和我溝通，會讓他們的研發進度事半功倍。倉儲物流的同事們為什麼經常會想到我？因為他們知道我會以使用者經驗管理員的身分定期參加業務部門的例會，我可以幫他們傳話和從旁推敲，也就是說，當業務部門做錯事的時候，比如業務定錯了促銷價格，大量客戶要求退換貨，結果物流人員累得半死，這時候我就可以使用者經驗官的身分和權威去要求業務部門做出改進，這樣就能減輕後端營運部門的壓力。

34 ▼有個人價值並不等於處好關係

職場難道就只是講利用和利益嗎？這是不是也太功利了？對這種觀點我堅決反對！那你進入新環境時，該如何讓身邊的同事快速認可你的價值，並尊重和接納你呢？

很多不了解職場的新人可能會這麼說：「這還不簡單，對於初來乍到的我來說，要想讓身邊的同事接受我、重視我，那麼最關鍵的就是要讓大家喜歡我！只要做到了這一點，與同事的和諧、信任的關係自然就有了，還不會讓他們覺得我功利。」根據我的觀察，這種幼稚的想法通常都發生在初入職場的新人以及剛剛坐到管理職的小主管身上。這是因為他們把問題給搞混了：與大家打成一片，不等於有影響力和個人價值。職場不是辦家家酒，不需要人人都說你好。職場生存是一個講求效率和效能，以追求最大商業回報為目的的組織遊戲，除了個人特質、情感因素，要想在這個地方獲得別人的認可與尊重，能否給他人創造價值和利益才是最需要考量的因素。當然，我並不是說和大家處好關係不重要，而是想讓你明白：職場關係的核心是利益和價值，只有想清楚了這一點，才能讓自己在和世界發生互動交流時，始終把重心放在能否幫助別人、能否給別人創造價值和效益上，而不是一味地討好別人，取悅同事，讓人人都說你好。因為職場競爭是非常激烈的，如果你只會討別人開心，只能和他人維持一種和諧而非互惠的關係，那麼這種所謂的好人緣其實根本沒有用，一旦在利益上和別人發生衝突，那麼你就有可能被組織中的同事瞬間「犧牲」掉！

因此，正確的解讀應該是：讓別人清清楚楚地看到、感知到你的個人價值，這樣你才能真正地被組織中的職場前輩接受，並且讓他們心甘情願地認可你，你才能慢慢地在公司中占據一席之地！

35 ▼讓他人認可自己價值的祕訣

談完了個人價值，以及為什麼要讓別人認可你的價值而非廉價的好關係，那麼另一個更深入的問題就來了：我該怎麼去做，才能和組織中的每個人建立起真正有價值的關係，也就是我之前所說的相互尊重、值得信賴、認可彼此的價值和重要性，而不只是停留在表面上的和諧關係呢？

說實話，這個問題確實不容易回答，不過別擔心，我有祕訣交給你，那就是：學會先「打」後「拉」，與同事建立相互尊重的關係。

根據我這麼多年的職場經驗，我發現大多數的新人剛剛加入一個組織時，為了儘快獲得同事們的認可和接受，與周遭環境建立起初步的關係，這些人一般都會採取「拉」的方式來破冰。什麼叫「拉」呢？就是儘量多地對別人說「好」，少說「不」。舉個例子，我是一個剛剛調到新部門的專案管理經理，為了給大家留下好的第一印象、快速地被同事接受，在和其他部門的同事進行專案的進度和品質審核與評估時，我就儘量做到多表揚少批評，就算我有不同的看法，也不會當眾指出來：最起碼不會在一開始就指出來。因為我擔心如果這時候不小心「得罪」了別人，恐怕會對我和其他同事建立良好的關係不利，所以還是能「拉」一個算一個，靠說好話多拉攏同盟者，應該不會錯。

如果你平時總是這麼做，那你就犯了個大錯！因為你還沒有搞清楚職場關係的核心是什麼。

職場不是辦家家酒，我們每天來公司上班是為了什麼？是為了為公司創造價值，然後也從中獲得自己的利益（金錢、職業發展、成就感……）請你好好想想，只說好話、多表揚等行為真的能夠換來別人對你的尊重嗎？真的能夠讓別人發自內心地認可你的價值嗎？真的會讓別人佩服你、願意在工作中追隨你嗎？

36▼先「打」後「拉」：先贏得尊重再拉近關係

我想講一個故事，這個故事的主人公是我們公司新來的一位法務部門主管。因為工作的原因，我的部門經常會和法務部打交道，需要與其審核合約，一起處理消費者的法院上訴案件，制定公司的售後服務政策等。之前的法務部主管因為個人原因離開了公司，所以這位主管是最近才被公司聘來的。其實坦率地講，之前我們已經和法務部門合作過多年了，因此雙方溝通合作的流程還算順暢。就在這樣一個背景下，當這位新任法務部主管上班後，我們第一次和他打交道時（一位消費者將公司告上了法院），根本沒有做特別的準備和考慮，結果就被這位新主管給好好「折磨」了一番，因為他根本沒按套路出牌。所謂的套路，也就是我剛才所說的：初來乍到的新人，應該用「拉」的姿態和同事們建立關係。而這位主管一上任就直接開「打」，為我們丟出了一堆事情，但最終的效果卻很好！我們被這一次劈頭蓋臉的「暴打」後，居然人人都非常佩服這傢伙，並且之後在工作中一旦遇到法律上的問題，首先想到的就是他！因為我們覺得他確實對我們有幫助，能帶來價值，所以最後全公司上下都對他刮目相看，曝光度和認可度可是相當高！

那麼，這位新主管第一次和我們開會時是怎麼「暴打」我們的呢？記得和他第一次開會時，一開始還算正常，我們按照原來的流程，把基本的客戶資訊、要求、服務經過以及所有的檔等都準備好，帶到了會議室。可是當我們把這些文字證據提交給大家過目之後，打算和包括法務部主管在內的危機處理小組的成員們一起討論解決方案時，意外發生了。只見這位主管站起來打斷了我：「Peter，我剛才檢查了所有的文件，發現少了有客戶簽字的原始合約和第二次的維修記錄，但是按照公司的危機處理流程，客服部門是必須提供這些證據的，否則有可能招致我們的誤判。請問：這些證據現在何處？什麼時候可以提供給我們？」

你說這人，剛來沒兩天就這麼嚴肅！我當時心裡想著：不行，我必須好好教訓他一下！於是我很不耐煩地對這個新人說道：「哦，按照我們以前和法務部前任主管的實際合作經驗來看，這些材料其實並不是百分之百必需的，以前的法務部主管是這麼說的……以前的法務部主管是這麼做的……以前的……」

「對不起 Peter，我不是以前的法務部主管，因此按照公司的規定以及我個人的法律知識和經驗，我覺得如果缺少了這些必要的法律文書，可能會對公司造成不必要的損失，所以我再問一遍：這些證據現在在何處？什麼時候可以提供給我們？」

37▼「暴打」之後，再建立關係

說實話，當時我心裡很不開心，一個新人居然敢在公司眾多的老同事面前打我的臉，這讓我挺不舒服的。但是他的要求確實有理有據，讓我無法反駁。最後我也只好讓步，會後命令我的下屬趕快準備補充資料，在法院開庭前交到了危機處理小組的手中，讓這個案子最終得以圓滿解決。在此我要特別補充一個細節：在最後的法庭審理階段，那兩份我們會後補充的資料確實發揮了重要的作用，如果當時大家都忽略了這個關鍵的細節，就真的有可能敗訴。如果當時是以這種結局收場的話，那麼我們每個當事人都要吃不了兜著走！因為這個案件在當時鬧得沸沸揚揚的，公司的大老闆給我們下了通牒：必須儘快處理，而且不能再進一步發展了！事後想想真是可怕。

說來也奇怪，這麼個愛挑刺又不按常理出牌的人，最後不但沒有被大家孤立起來，反而很快得到了同事們的認可和尊重。在這以後我又跟他一起開過好幾次會，每一次開會之前我都會特別要求下屬們做足準備，因為我知道這傢伙非常認真且專業，如果不好好做作業，那麼開會時很可能出現尷尬的場面。但是我這麼做的時候倒也不會覺得痛苦，因為我知道這麼做對我是有利的：最起碼能減少重工的時間，讓我在其他同事面前看起來更專業，而最關鍵的是，能夠順利地幫我解決問題。

所以，所謂的「打」和「拉」是什麼，你也應該明白了！要想真正地和同事們建立相互尊重的關係，就必須讓別人感受到你的個人價值。尊重是建立在對價值的認可之上的，如果你對別人絲毫沒有價值，請問光有所謂和諧的關係又有什麼意義呢？所以說，「打」其實並不是目的，而是為了讓別人充分瞭解和認識到你的個人價值。只有做到了這一點，同事們才願意拿出自己的尊重和信任給你。

✔別人接受你，是因為你有價值

進入新環境，要想快速獲取同事的認可與尊重，你必須掌握以下兩個祕訣。

第一，讓前輩接受並認可你的價值。永遠將建立職場關係的著力點放在創造價值上。別人之所以接受和認可你，是因為你有價值，以及你能夠為他們帶來價值，所以與其煞費苦心地討好對方，不如埋頭好好提升自己的個人價值。

SWOT分析法能夠幫助你做到這一點。

第二，先「打」後「拉」，與同事建立相互尊重的關係。請牢記那位法務部新任主管的小故事，對每個人輕易地說「好」，並不是博得別人尊重的好方法。先把他們「打」疼，「打」得怕你，效果可能反而更好。但是你必須記住，「打」並不是目的，能夠幫助到別人，給別人帶來利益和價值，才是他們最終願意和你建立相互尊重關係的原因。

第9章

跨部門合作痛苦不堪，如何高效推進工作

在跨部門的協作當中，難免會遇到尷尬的情景，比如：你是業務部主管，現在正在積極地籌備即將到來的全公司年度大促銷，可是當你找到公關部、行銷部、財務部、客戶服務部去談廣告促銷、預算追加、售後服務配合等工作時，有些人不重視你——因為對他們來講，這些都是「額外的、出力不討好」的工作，做好了成績是你們業務部的，可做不好他們又會被大老闆「踹屁股」。所以一個個都擺出一副冷淡的面孔，對你愛搭不理的，出工不出力，讓你十分火大。

如果在實際工作中遇到這種不配合的隊友，我們該怎麼辦呢？其實也不複雜，你只要牢記以下三點，那麼處理好這些隊友也就是幾分鐘的小事了。

1. 聚焦問題：聚焦核心訴求，尋找共同利益，達成合作目標。

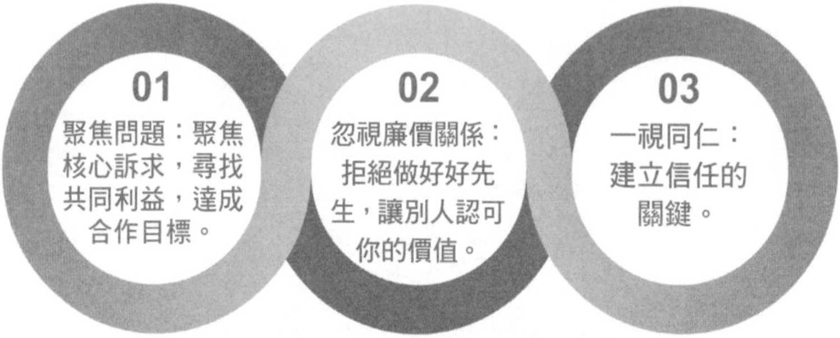
01
聚焦問題：聚焦核心訴求，尋找共同利益，達成合作目標。
02
忽視廉價關係：拒絕做好好先生，讓別人認可你的價值。
03
一視同仁：建立信任的關鍵。

▲ 牢記這三點，處理好隊友非難事

2. 忽視表面關係：拒絕做好好先生，讓別人認可你的價值。

3. 一視同仁：建立信任的關鍵。

38 ▼常用「我們」的思維，找到核心問題

我們從第一點開始講起：抓住核心問題不放，尋找對雙方都有好處的共同利益，然後一起努力達成合作目標。

這裡面有兩個關鍵字必須牢記：核心訴求＋共同利益。生活中有句話聽著殘酷，卻飽含人生哲理，那就是「無利不起早」。我並不否認職場中需要友愛、人文關懷、奉獻、無私這類的情懷，但同時我相信大家也認同：我們來公司上班，從現實來講是為了養家糊口、發展個人職業生涯，以及實現職業成就和夢想。既然明白這一點，那麼在跨部門的合作中就必須隨時問自己：如果我是對方，請問我為什麼要積極主動、心甘情願地配合和支持你？

學會用「我們」的思維，而非「我」的思維，是實現和諧、高效率跨部門合作的出發點。關係是很重要，但是支撐職場關係的說到底還是利益，如果你不能給別人帶來好處，請問誰願意浪費時間和精力去陪你玩呢？所以，以後當你被拖拖拉拉的隊友折磨得

快崩潰時，請靜下心來問問自己：在我正在要求大家共同做的這件事裡，我的訴求是什麼？別人的訴求是什麼？我們共同的訴求又是什麼？

39 ▼尋求利益共同點，才有機會合作愉快

幾年前，我的一位下屬負責一個使用者經驗提升的跨部門專案，那個專案是當年整個公司最重要的戰略性專案之一，對組織以及我個人的業績表現都非常重要，因此我對這位專案經理下達了只許成功不許失敗的通牒。這個同仁做事非常認真，也很重視這項重要的工作，可是專案推進了快兩個月，效果並不明顯。於是有一天我把他叫來詢問原因，結果才知道問題出在財務部。因為要想提升用戶滿意度，我們就必須調整一些售後服務政策，比如放寬無條件退換貨的時間期限，發放優惠券給不滿意的客戶等。這樣一來，專案的考核指標當然會變好，可是投入會增加，因此年底公司的財務表現會變糟——而這卻是財務部當年最重要的部門專案項目。

所以矛盾就來了：想讓專案成功，財務部的業績會受到影響；想保證財務部達標，那麼整個專案就很難推進，這位同仁就會無法完成任務，我的業績也會受到影響。

於是整個專案陷入了僵局，也令這位專案經理非常鬱悶。其實他本人也做了許多努力，比如反覆與財務部開會、溝通解釋，借助其他的資源和財務部主管拉近關係，可是效果並不顯著：對方的態度確實不錯，也理解這是個好專案，願意支持，但是一旦涉及核心問題——錢，那就又「從終點回到了起點」，因為公司的預算一共就那麼多，給了你就會損害別的部門利益，就會讓財務部受到其他部門的指責；而最要命的是，能不能最終完成自己的KPI，這才是財務部主管當年最關心的問題，因為這可是關係到他的職業生涯！所以在重大抉擇面前，大家還是會優先考慮自身的利益。

聽了他帶著哭腔的傾訴，我真是覺得又好氣又好笑——真是個傻孩子。看來是到了我這個老江湖出馬的時候了。於是我趕忙為他擦去了心酸的眼淚，然後給他開出了以下錦囊妙計。

首先，別再抱怨人家財務部不配合了，因為是你「不對」在先——你從頭到尾都是站在「我」的角度而不是「我們」的角度來思考問題，請問人家財務部憑什麼要為了滿足你的利益而去犧牲自己的利益呢？你在考慮你的訴求時，為什麼不能想想財務部的同事需要什麼呢？

其次，把聚焦點和出發點都放在問題本身，努力尋找雙方的共同利益，然後去實現它，這樣別人才願意配合你、支持你，而不是把自己和跨部門的合作夥伴對立起來。

在我的一番提點之下，專案經理也逐漸冷靜了下來，開始按照我教的方法自己琢磨了起來：「嗯！老闆你說的也對，其實財務部的主管也不是不想配合我，只是公司的預算實在是太緊了，而且給各部門的分配預算年初就定下來了，他們也很為難。要是大老闆能多給些預算就好了……」

一聽到這，我馬上再次插話：「對啊！那你仔細想想，有什麼方法能夠把你和財務部綁到一起，把你的問題也變成他們的問題，讓你這個專案的成功不只是你的功勞，也能給他們帶來好處和利益呢？」

經我這麼一提醒，他瞬間就「茅塞頓開」，激動地拉著我的手說：「對，老闆您真是厲害，我太佩服了！我馬上再去和財務部的同事們溝通，看看怎麼樣聯合起來，一起去向大老闆多申請些預算。這樣既解決了我的問題，又幫助了財務部，兩全其美！」

40▼解決「我們」的問題，而不是「我」

只要稍微改變一下思路，一些原本看似無解的問題，也能輕鬆搞定。既然這是整個公司的戰略性專案，那集團的高層肯定非常重視，因為這也是他的訴求和核心目標！所以他沒理由不支持這個專案。至於財務部，如果能在不影響業績的前提下，他們也能在這個連大老闆都十分關心的專案中出些力、露露臉，那何樂而不為？所以經過一番努力，這件棘手的事情最終是這麼解決的：我親自出馬幫助專案經理重新審核了所需的額外投入，然後與會相關部門進行了可行性分析和協調，最後帶著預算方案邀請財務部的主管一起和大老闆開了會。經過有理有據的分析和建議，最後大老闆拍板決定將年初制定的預算分配方案做了調整：一方面追加了一些額外的投入，另一方面又從其他並不太重要和緊急的項目上挪出一些費用，最終圓滿地解決了「我們」的問題。跨部門協作無法推進，別人不配合，其實並不是隊友的問題，而是你自己在犯迷糊。聚焦問題本身，用共同的利益來引導他人的配合，那麼事情的解決就容易多了。

41▼有利益和價值感的關係才會長久

其實這個有趣的小故事，還能引申出第二點：忽視廉價表面關係，拒絕做好好先生，讓別人認可你的價值。回想一下那個專案經理，為什麼在找我之前他始終得不到別人的配合與支持？其實他不是不知道職場關係的重要性，他也透過一切可能的方法，嘗試著去利用關係影響財務部接受他的想法，但遺憾的是效果並不好，為什麼呢？原因就在於他沒有看透職場關係的本質。

所謂的關係只是表象，其內在的核心和基礎是價值與利益。因此，在職場中要想和他人建立起真正牢固、高效率、有意義的關係，靠的絕對不是表面的一團和氣，而是在別人的眼裡，你的個人價值有多重要。因此你一定要清楚地明白一個道理：千萬不要為了關係去建立關係，而要在共同的利益和價值上建立關係。以我為例，我非常愛踢球，也有一群玩得很好的球友，平時大家經常聚會，吃吃喝喝，關係真的很好。但就是這麼一群看似親兄弟的朋友，卻經常在比賽時做一件讓我非常傷心的事，那就是挑隊友分組比賽。每次比賽之前都需要先將大家分成兩組，我們要先選出兩個隊長，然後這兩位隊長再透過「剪刀石頭布」逐一挑出自己想要的隊員，這時讓我鬱悶甚至難堪的情景就發生了：球技好的人通常在一開始就被點名挑走，然後才輪到技術稍微差一點的人，最後剩下的則是誰也不想要的「垃圾股」，比如像我這種年紀大、體力差，一跑起來就連氣喘呼呼，稍微一碰就滿地打滾的老朋友。唉，提起來都是淚……

為什麼平時關係那麼好的兄弟一到了比賽現場就變得這麼「無情」呢？原因很簡單——我對於比賽的結果沒有價值！球場如此，職場也一樣。跨部門合作不是看誰和誰的關係好，而是看誰對誰更有價值。人人都說你好，人人都對你點頭，這並不意味著別人願意為你做事：如果你不能給別人創造價值或帶來利益的話。因為沒有價值和利益的關係，都是廉價的，都是不可能長久和牢固的。

42▼一視同仁，才能在跨部門合作建立信任關係

除了聚焦問題、認可價值之外，還要努力做到一視同仁。這是建立跨部門間協調、信任關係的第三個關鍵點。

在需要多部門合作才能完成的工作中，要始終做到公平公正，這是獲得合作方尊重與配合的核心要素。我之前也說過，職場是講價值和利益最大化的地方，每位參與者之所以願意信任你、為你做事，其實說到底並不是為了你，而是為了實現他們自己的訴求。因此，如何保證每個部門的利益得以公平公正地實現，就成了這些合作部門的同事非常在意和敏感的問題。此時作為跨部門專案的發起人和管理者，你就必須在眾人之間做好平衡，絕不能讓大家對你的信用產生疑問，否則人人都只關心本部門的利益，見好處就上，沒利益就相互推諉，這樣一來，合作就成了一句空話。

✔想順利推進跨部門專案，先掌握這三要素

要想讓跨部門合作不再痛苦不堪，要想使跨部門專案的推進始終高效合作，那麼以下三個要素就是你需要注意的核心所在。

聚焦問題：聚焦核心訴求，尋找共同利益，達成合作目標。如果你不想成為那個與財務部協作時陷入僵局的專案經理，那就必須牢牢記住：不要為了關係談關係，而要始終注意和合作者的共同利益，只有當「我」的目標變成「我們」的共同目標時，別人才會心甘情願地為你賣力──或者說為「我們」賣力。

忽視表面關係：拒絕做好好先生，讓別人認可你的價值。你還記得我踢球分組時的鬱悶經歷嗎？職場關係的核心不是拉幫結派，也不是討別人歡心，而是要讓別人認可和尊重你的個人價值。一切表面的和諧其實都是廉價的關係，一上「球場」就會原形畢露。

一視同仁：這是建立信任的關鍵。處理好各部門之間的平衡，做到公平公正，才能真正獲得他人的信任。

Part 3

對下屬知人賦能，創造集體高價值

第 10 章

看清你在下屬心目中的真正分量

處理好與同輩的關係之後，我們就要換一個視角，來看看怎麼搞定我們的下屬。

要想管理好本部門的同仁，首先要搞清楚一點：我在下屬心目中到底有沒有分量？或者換句話說，我在這些同事眼裡到底是個什麼樣的人，以及如何能提升這種分量？要想搞清楚這一點，以下三個要素缺一不可：

1. 你眼中的你和下屬眼中的你；
2. 自我認知的方法與工具；
3. 提升自己在下屬心目中的分量。

01
你眼中的你和下屬眼中的你
02
自我認知的方法與工具
03
提升自己在下屬心目中的分量

▲ 認清自己分量的三要素

43 ▼你眼中的你和下屬眼中的你

你眼中的你和下屬眼中的你是不是同一人？

據我的觀察，很多老闆在自我認知這一點上都會犯「精神分裂」的毛病。其實「精神分裂」並不可怕，可怕的是自己不知道自己有「精神分裂」症狀。因為當這種自我認知上的偏差大到一定程度時，就會對管理團隊產生極大的負面影響。

有一年，我在廈門大學 MBA 中心開設了「職業經理人的原則與方法」這門課。經過一個學期和同學們的親密接觸，我自信自己獨特的人格魅力以及高顏值，已經征服了全班同學們，或者最起碼也給他們留下了深刻的、積極正面的印

給自己照個鏡子

問題 / 角度	什麼是最能描述這個傢伙特質的三句話 (1)	什麼是最能描述這個傢伙特質的三句話 (2)	什麼是最能描述這個傢伙特質的三句話 (3)
自我描述			
路人甲			
路人乙			
路人丙			

▲ 自我分析表格

象。可是這一切美好幻想，卻在課程快要結束時被同學們終結了。

當我講到「領導力法則」這個模組時，需要同學們在課堂上做個練習，叫「給自己照個鏡子」。我要求每個人首先從自我認知的角度，想出三句最能代表自己特質的話，寫在表格的第一行，再從教室裡找到三個你覺得最瞭解自己的同學，請他們也為你寫三句話——當然是以他們的視角來描述你。

這個練習的結果一出來，瞬間就引燃了全場，大家個個笑得前仰後合——因為幾乎每個人在自我認知這一點上都存在著程度不一的「精神分裂」病症。

▲ 在作者課堂上「給自己照鏡子」練習的實況照片

為了加深大家對這個知識點的理解，同時也是為了增加一點喜劇效果，我靈機一動，臨時起意要求他們以我為樣本再玩一輪，也就是讓全班三十多個同學一起為我作畫像，然後把他們對我的認知與我對自己的認知都寫在黑板上，現場再來做比對。結果讓我大吃一驚。

我覺得最能代表自己的是：謙遜（humble）、平易近人（easy going）、內心敢作敢當（follow heart）。可是這幫學生都是怎麼說我的呢？「瀟脫」、「老」，居然還有個眼光毒辣的學生一眼就看出來我是個「值得託付終身」的人，當時真是嚇得我出了一身冷汗。

44▼要先清晰認知，才能正確地表達意思

做老師如此，在職場也是一樣。對自己有個清晰的自我認知，是我們在職場中與他人建立關係時必須考慮的一個前提條件，這一點對於一個管理者來講尤其重要。因為如果你不知道自己在下屬眼裡是個什麼樣的主管，如果不知道自己說的話、做的動作、表現出的表情有沒有被下屬完整而準確地接收到，那麼要想讓下屬聽你的話，心甘情願地為你做事，就只能是一句空談。因為當雙方認知不一時，很多溝通就成了雞同鴨講，不但沒有效果，反而可能起到反作用。

記得有一回我去業界為一位高階主管進行一對一的領導力提升輔導，根據流程的要求，我需要觀摩幾場由他帶領或者主持的會議。那天碰巧他的部門有一個專案籌備大會，作為部門最高主管，他需要出席並進行動員性發言。當他在台上慷慨激昂地演講時，我一直留心觀察台下聽眾們的反應，從他們豐富的面部表情上我發現了很多問題。於是等他做完報告下臺離場後，我首先訪問了這位主管：

「請問王總，你能否清晰地告訴我：你這次演講的主題是什麼？想達到的目的是什麼？根據你自己的感受，你的這些目的都達到了嗎？或者換句話說，你確定團隊裡的同事們都已經明確了你的想法，而且立刻就會行動起來嗎？」

「那是必須的！」這位主管毫不猶豫地回答道，「我剛才說的話、做的表情，以及斬釘截鐵的動作，都已經清清楚楚地告訴他們了！這些傢伙不敢偷懶的，他們懂我的！」

看著他的表情，我不禁啞然失笑，因為根據我剛才對台下聽眾的觀察，我覺得事實絕非如此。果然，當我稍後在公司員工餐廳吃午餐時，經私下裡與幾位剛剛參加會議的同仁進行了一番「坦誠」的交談後，我最終發現這位主管的自信確實是相當盲目的。

我：「聽了剛才大老闆的發言，請問你們知道接下來該幹什麼了嗎？」

同事甲（茫然）：「不知道啊。」

同事乙：「你知道老闆想幹麼嗎？」

同事丙：「我也不知道啊。我覺得他可能只是隨便說說吧！」

同事丁：「但我覺得可能是來真的吧？」

同事甲再次發言：「如果做不到，應該不會像他講的那麼嚴重吧？老闆根本都不聽我們的意見，其實這件事非常難處理。那你們說我們現在應該怎麼辦呢？」

同事乙再次說道：「不然這樣吧，我們先應聲一下，看看再說吧，否則做了一堆白費功夫，還不是累我們自己。」

「好好好，就這樣做吧！」

所以你看到了嗎？對自己沒有一個清晰的認知，會捅出多麼大的婁子啊！這一點對剛剛走上管理職位的人來說尤其重要！

45▼善用方法，就能準確認識自己

既然我們已經認識到知道自己在下屬眼裡是個什麼樣的人，以及有多少分量是如此重要，那麼怎樣才能做到客觀清晰地認識自己，以及認清自我之後該如何做才能提升自己在下屬心目中的分量呢？

要想做到準確地認識自我，那就必須學會使用一張表：「自我認知工作表」。再加上一種方法：「行為模型四分法」。首先來介紹一下什麼是「自我認知工作表」。

這張表給我們提供了一種有建設性的自我認知思維方法，它可以幫助你在思考自己留下甚麼印象給下屬之前，先從內在的因素考慮，因為只有想清楚了內在的驅動力，你才能明白為什麼你會留下那些外在的表現，比如形象、舉止、說話的方式等。

表格中的第三到五點是這個表格的關鍵所在，因為這些核心因素將會極大地左右你在下屬心目中的分量。接下來就讓我重點解釋一下它們的含義。

自我認知工作表					
姓名		職稱		年資	
你的人生故事是從何開始的？					
到目前為止，對你影響最大的人或事是什麼？					
是什麼東西一路引領著你變成了今天的自己？					
什麼是你領導力「陽光的」一面，比如說影響和激勵別人的能力等					
什麼是你領導力「黑暗的」一面，比如說為別人和自己帶來挫折感、讓大家失望等					
二十年後，你希望別人怎麼評價你？					

▲ 用自我認知工作表，精準認識自己

第三條：「是什麼東西一路引領著你變成了今天的自己？」每個人做事都不是盲目的，或者不總是盲目的，我們一定是帶著某種目標和目的在一路前行，讓自己從一個懵懂無知的少年變成了現在的自己。那麼請審慎地問問自己：對於我來講，這個目標是什麼？這種驅動力是什麼？

1. 是對金錢、名譽、社會地位的渴望？

2. 是對成功的追求？

3. 想要獲得他人的尊重和認可？

4. 虛榮心在作祟？

5. 實現自我？

6. 滿足自己的好奇心？

還是為了崇高的理想，或者為了幫助他人、造福人類？只有當你準確無誤地找到了這種內心的驅動因素，才能在下一個練習中發現自己行為習慣的內因，從而心甘情願地從內心深處進行改變，這樣的效果才能持久和有意義。

至於第四條和第五條，是提醒你進行自我反省，找到自己目前在領導力行為表現方面的優劣勢，然後透過完成表格後與他人交叉確認，做到先「自知」，然後發現與「他知」之間的距離，並進入下一個環節。如果在這裡我們不做足「前戲」，那麼稍後「重頭戲」的到來就會顯得非常突兀。

46 ▼行為模型四分法，找到自我定位

在瞭解和思考了內在的因素之後，我們再帶著這些內容進入下一個工具的學習，那就是「行為模型四分法」。當我們每個人在和他人接觸的時候，都會給別人留下一個獨特的印象，這種印象是別人透過對你的行為的觀察得出的。這裡的行為，簡單來說，可以歸納成「說」和「情緒控制」這兩項維度。我們先來聊聊橫向座標的「說」。

根據每個人在「說」也就是表達方式上的不同，我們可以把人的行為分成「告知」和「詢問」兩種。仔細回想一下，你身邊有些人是不是較常用「通知式的溝通方法」？比如他們通常會這麼說：「這件事我看就這樣吧！」「這個問題就這樣決定了！」「你就按我說的去做吧。」還有一類人和他們正好相

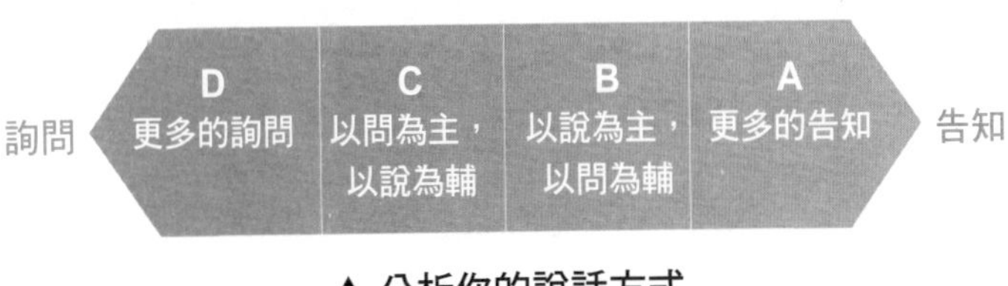

▲ 分析你的說話方式

反，他們不太願意用通知的語氣，而更願意用商量和詢問的語調，比如：「這件事大家怎麼看啊？」「那麼我們這樣做好嗎？」「不然就先按我說的試試看。」我們再看豎向座標的「情緒控制」。有些人非常懂得自制，也就是我們開玩笑的時候常講的「冷淡」型，平時在公司裡不苟言笑，無論發生什麼事都把自己包裹得嚴嚴實實，給人一副深不可測的樣子。但有一類人正好和他們相反：情緒非常外露，一言不合就立刻表現出來，讓別人對他們既愛又恨。

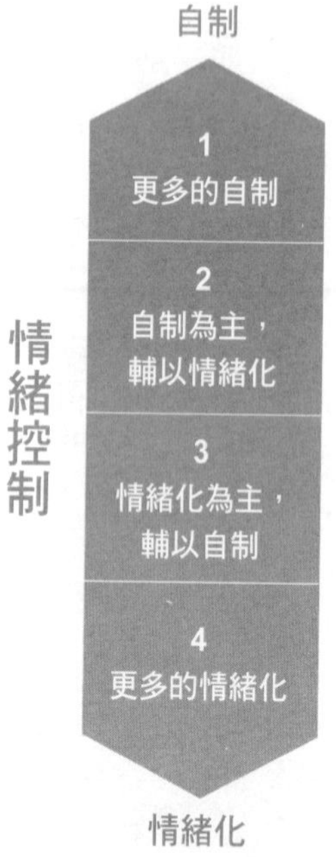

▲ 分析情緒控管能力

如果我們把這兩種維度合在一起考慮，就能清晰地對每個人的行為模型進行科學的歸納和分類。對照著眼前的這個「行為模型四分法」，就可以仔細問問自己：在公司尤其是那些下屬的眼裡，我到底屬於哪種類型？是分析型、操縱型、友善型還是表現型？

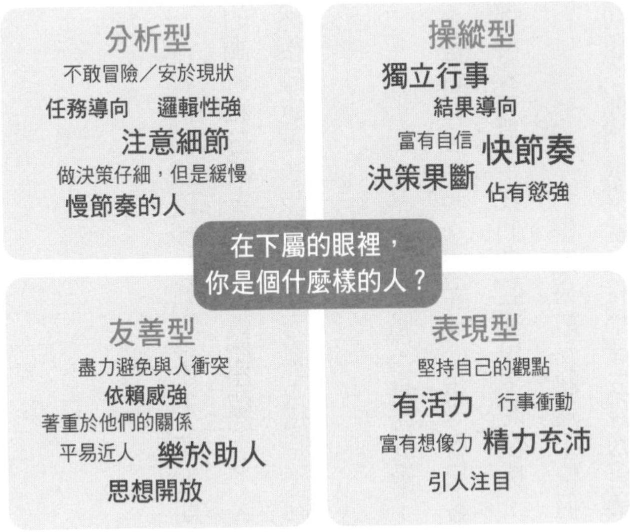
分析型
不敢冒險／安於現狀
任務導向　邏輯性強
注意細節
做決策仔細，但是緩慢
慢節奏的人
操縱型
獨立行事
結果導向
富有自信
快節奏
決策果斷
佔有慾強
在下屬的眼裡，
你是個什麼樣的人？
友善型
盡力避免與人衝突
依賴感強
著重於他們的關係
平易近人
樂於助人
思想開放
表現型
堅持自己的觀點
有活力
行事衝動
富有想像力
精力充沛
引人注目

▲ 行為模型四分法

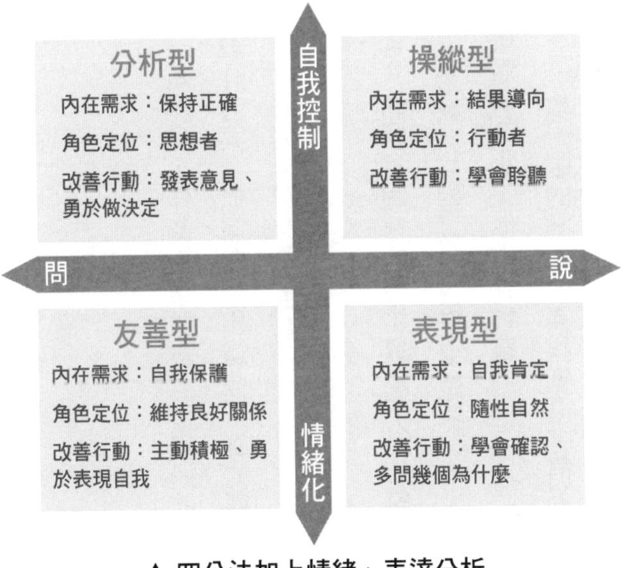
自我控制
分析型
內在需求：保持正確
角色定位：思想者
改善行動：發表意見、勇於做決定
操縱型
內在需求：結果導向
角色定位：行動者
改善行動：學會聆聽
問
說
友善型
內在需求：自我保護
角色定位：維持良好關係
改善行動：主動積極、勇於表現自我
表現型
內在需求：自我肯定
角色定位：隨性自然
改善行動：學會確認、多問幾個為什麼
情緒化

▲ 四分法加上情緒、表達分析

47 ▼「精神分裂」的實際情況

我們假設這樣一種場景：公司近期要推出一款新產品，作為專案負責人，經過前期的調研和分析，設計人員給你提供了A、B兩種設計方案，你需要去和這些下屬溝通，然後確定下一步的行動方案，這時不同行為類型的老闆會如何表現呢？

分析型：（慢慢悠悠，語速很慢，語氣不堅定）你們這個分析和建議是不錯，但是不是資料少了些？現在就做決定會不會太倉促了？不然我們再多分析一下好嗎？大家都發表意見，我們多發揮民主的作風。小李你怎麼看啊？小張你也說說看。

操縱型：（堅定果敢，語速不快但是聲調高，一板一眼的）A方案我覺得有很大的問題！你們根本就沒有聽進去我的建議！照這種方案執行下去是會出大問題的！至於B方案也不太好！你不用解釋了，我都明白！好了，就這樣，重新按我的建議再做一個。

友善型：（面帶微笑，語氣和藹，說話時一直看著對方的臉，語速快）哎呀，真的相當不錯！這麼短的時間就做出了這麼好的分析，真是辛苦你們了，下一步該怎麼做？嗯，我想想，A方案有許多很好的點可以借鑒，但是B方案也不差，其實兩個都挺好的，這下真是讓我為難啊！都怪你們，怎麼把兩種方案都做得這麼好呢？不然拿到行銷部（業務部、財務部、法務部），讓大家都提供意見，你們說這樣好嗎？

表現型：（語速快，堅定，但是衝動，聲音洪亮，肢體動作明顯）我一看A方案就不錯！根本都不用再看B方案了！我早就說過A方案一定會更好。你看你們現在的分析不是也證明了這一點嗎？什麼？B方案會更省錢？不會吧？那讓我看看。好像也對，那就改吧，用B方案！什麼？B方案雖然更省錢，但是週期會加長？怎麼不早說啊？那這樣可不行！上市時間可不能改，那就繼續A方案吧！其他部門有意見？不管他們了，等出了問題讓他們來找我！

48▼對症下藥，變成可靠的主管

看完了四種行為模型，你可能已經開始默默地在心裡反思了：嗯，原來我平時在下屬面前的行為和表現是這個樣子！這樣的老闆別說我的下屬了，就是我自己都看不起。那有沒有什麼好方法能夠讓我的行為更可靠一點，最終讓我在下屬面前更有領導風範，在他們心裡更有分量呢？

方法當然有！讓我們再回到剛才那個「行為模型四分法」。其實每個人的「說」和「情緒控制」，都是受內在因素支配的，這就是為什麼在分析行為模型之前，我要讓你先做那個「自我認知工作表」，因為我們首先要搞清楚，不同的行為模型其實是和每個人的內在需求相關聯的。

分析型：這類人最害怕犯錯，因此他們會不停地問來問去，研究來研究去，就是為了證明自己的想法是正確的。但是如果一個上司總是議而不決，猶猶豫豫，不敢幫下屬做艱難的決定，那麼時間長了，你的下屬會不把你當一回事，因為問你也沒用，問了你也做不了主！正確的方法是多發表意見，勇於做決定。其實下屬並不會太渴求你做的每個決定都必須百分之百正確，領導者的態度和決心往往比正確更重要！所以膽子大一點，該出手時就出手！這是我給這一類領導者的忠告。

操縱型：只講結果，不在乎過程。結果是此類領導者最關心的。但是你要明白，下屬不一定都和你有一樣的高度、一樣的格局和高效率的方法，真正的成功不應該是你一個人在戰鬥，而是培養和幫助所有的下屬都能像你一樣考慮和解決問題。所以學會傾聽是我給這些操縱型老闆的一點忠告。適當地放慢腳步，讓你的下屬跟得上你的靈魂。

友善型：不想、不願、不敢得罪人，這是友善型領導者的通病。安全第一，和事佬，就算自己對下屬的表現已經忍無可忍了，但當著他們的面還是會擺出一副善解人意、體恤他人的面孔來，可是事後又恨得咬牙切齒的！其實做領導人並不需要人人都說你好，因為那種好好先生通常會被下屬看輕：因為不需要怕你，做壞了你也不能把他怎麼樣，那請問為什麼要學好呢？所以這類領導者今後的改進行動是積極主動，勇於表現自我，不要當濫好人。

表現型：「我是對的！」這類老闆總以為自己就是世界的中心，因此不願意放過任何表現自我的機會，而且他們通常又都有很強的表達能力，隨時都是亢奮的模樣。我倒不是說領導者不應該充滿激情，但是職場畢竟不是演電影，除了激情，我們更要講究些理性、客觀和邏輯思維，不然你每天都是這麼活潑跳躍的，下屬們可能真的會覺得你有些「精神分裂」。所以我給這類老闆開的處方箋是學會確認，多問幾個為什麼。

✔認清自己的分量，隨時自我調整

我們可以用以下三招看清你在下屬心目中的真正分量。

第一招，你眼中的你和下屬眼中的你有可能不是同一個人。多去和下屬們聊聊天，蒐集他們對你的回饋，及時準確地調整自我認知。

第二招，學會利用「自我認知工作表」和「行為模型四分法」來找到自己的定位，並深刻地認識自己所屬類型的優劣。

第三招，結合前文所給出的針對每種類型老闆的建議進行改進，提升自己在下屬心目中的分量。

第 11 章

掌握領導力五維模型，
讓下屬自願追隨

做好了自我認知，接下來就要和團隊中的同事們親密接觸了。我做過老闆，也當過下屬，那麼從老闆和下屬這兩種不同的身分來看，最受下屬們尊敬、能讓下屬們心甘情願地追隨的領導者都是什麼樣子的呢？

要回答好這個問題，從以下三個方面考慮是最佳的思路：

1. 領導者對團隊的價值和意義；

2. 最受歡迎的領導者模型；

3. 如何讓你的下屬毫無保留地追隨你。

01
領導者對團隊的價值和意義
02
最受歡迎的領導者模型
03
如何讓你的下屬毫無保留地追隨你

▲ 三個想成為好主管的問題

49 ▼領導者的意義

作為一個領導者，我們對於團隊的價值和意義到底是什麼？或者換句話說，從下屬們的角度來看，卓越的領導者能給他們帶來什麼？

當初剛剛當上小主管的時候，我對「領導者」的定義確實感到非常困惑，實在搞不懂主管到底是幹什麼的。比如說：

1. 拿著指揮棒揮來揮去的樂隊指揮，或者星光閃耀的晚會主持人，這種指揮別人的工作算不算領導？

▲ 如何定義領導者？

2. 老闆的小祕書，每天把老闆的行程安排得滿滿的，她不點頭誰也見不到老闆，這種協調的工作叫不叫領導？
3. 餐廳領班，這些人的權力不小，每個餐廳員工都怕他們，這種領班的工作是不是領導？
4. 手裡捏著錢的財務經理，所有的報銷、費用審核都要他們點頭才行，這種常規的管理叫不叫領導？

經過二十多年的磨煉，我現在才終於明白了領導者的定義。其實一個卓越的領導者，只要理解這兩句話的差別就行了：把事情做對（Do thing right）和做對的事情（Do right thing）。

你別看只是把兩個單詞的位置進行了調換，其實這兩句話所反映出的意義是完全不同的：後者就像是指南針，而前者更像是時鐘。

1. **指南針**：給團隊指引方向，告訴大家什麼才是最重要、最有價值的目標，始終讓整個團隊的注意力、時間、預算和物料都能集中在這件「正確的」事情上，然後帶領大夥兒去達成最有價值的業績。

2. 時鐘：時鐘的作用，是要隨時提醒大家要更快更好地完成工作，至於這個工作是不是最重要的、最正確的、最有價值的，時鐘並不知道，它只會閉著眼睛不停地催促你，直到工作完成為止。

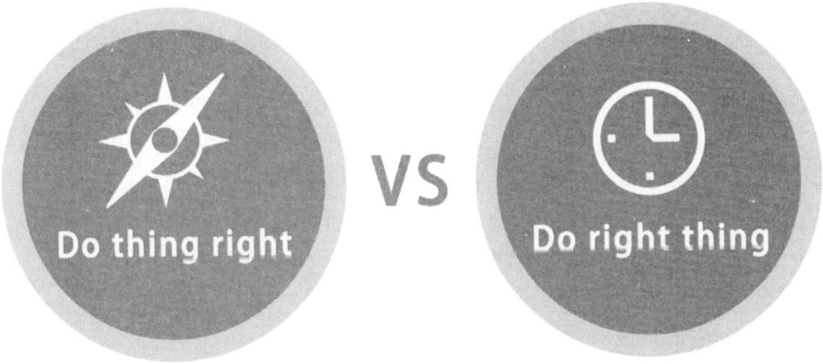

▲ 把事做對，還是做對的事？

50 ▼卓越的領導力：領導力五維模型

一個對團隊真正有價值的領導者，不是那些每天找下屬麻煩、發號施令的人，這種人最多可以被稱為「管理者」；而卓越的領導者最需要做的是幫團隊找到正確的目標和最有價值、最需要完成的工作，然後帶領大家把它做對做好，做出成績，讓大家都能從中受益。

光明白道理還不行，還要知道怎麼做。所以接下來我們看看卓越的領導者都是什麼樣子的，即最受歡迎的領導力模型。根據我的職場觀察，最受同事歡迎的領導者通常都具有以下五種行為模型：以身作則、共啟願景、挑戰現狀、使眾人行和激勵人心。

1. 以身作則：讓下屬心甘情願跟隨你

還記不記得在上一章，我們曾經做過一個「自我認知工作表」，表格中有一項叫作「到目前為止，對你影響最大的人或事是什麼」？記得十幾年前，當我第一次填寫這個欄目時，我幾乎毫不猶豫地寫下了我父親的名字，寫完後被叫起來和學員分享。當我提到父親的名字時，培訓師就問我：「那麼 Peter，你能不能和我們仔細聊一下，當初你的父親是怎麼教育你的？比如說你們都怎麼談人生、理想、價值觀之類的？」

這個問題一出，我就僵了足足有兩分鐘，腦海裡像過電影一樣把過去幾十年來和父親相處的畫面一一轉了一遍，可就是找不到這種溫馨的、父慈子孝的「教育畫面」：爸爸點著根蠟燭，拿著本厚厚的書，摸著我的頭，語重心長地說，孩子，人的一生應該要這樣度過。至於「岳母刺字」、「孟母三遷」，那就更別提了。可為什麼一件如此有意義的教誨都沒做過，我還要在內心深處把老爹當作對我影響最深的人呢？就是因為他「以身作則」，身教而非言傳。比如我性格中最大的一個特點是「藐視

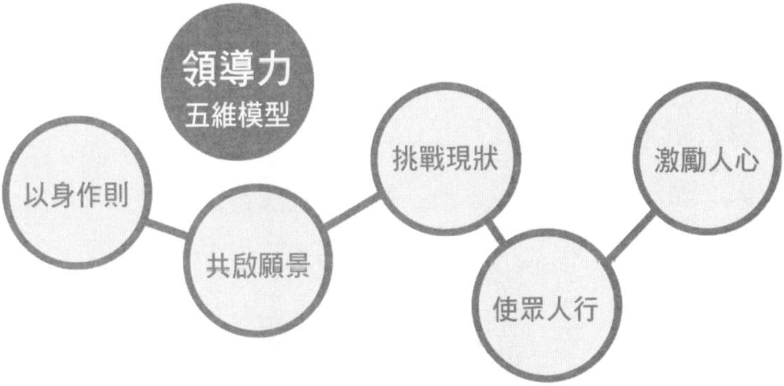

▲ 優秀領導者都有的五特徵

權威，特立獨行」，這種性格的養成其實最早就是來源於我父親啟發我寫數學作業。記得那是小學一二年級的事，有一天，我又快又好地按照老師教的方法寫完了作業，拿去請父親檢查，結果答案全對！就在我等著爸爸的表揚和點心時，這個老頭子突然一本正經地對我說：「兒子，你的結果都算對了，很好！但是你有沒有想過，除了老師教給你的方法，還有沒有其他的辦法可以解出這道題？」

難道這個世界上還有比老師更聰明的人嗎？難道除了老師教的方法之外，還有別的答案？這個問題對只有七八歲的我來講實在是太前衛了。在爸爸的要求和鼓勵下，我只好將信將疑地思考起來，最後，真讓我找到了所謂的「其他」方法，不但答案一致，而且更簡單。

這件小事已經過去四十多年了，我至今仍記憶猶新，因為這是我第一次知道：人生原來不只有一個答案！其實當時我並沒太把這段經歷當回事，可是很多年過去了我才明白：真正能對人產生本質性影響的，就是這些貌似平凡卻能滴水穿石的「小」事。套用到職場，作為一個卓越的領導者，真正能讓下屬佩服你、尊敬你、願意死心塌地地追隨你的，其實並不在於你講了什麼大道理，而是在於你做了些什麼。因此，少說「給我上！」多說「跟我上！」少說「大家要以公司為家，要對團隊和主管貢獻忠誠！」多說

「有什麼困難大家一定要提出來！出事了別怕，我在後面護著你！」只有處處以身作則，下屬才會發自內心地相信：跟著你做事，值得！

2. 共啟願景：利用「故事」，凝聚不同個體

「共啟願景」有兩層含義：第一是願景，也就是說，你要給團隊設定一個遠大的目標、遠景和理想；第二是共啟，也就是說，光你自己知道還不行，要讓所有的人都知道、都相信，都願意跟著你一起為了這個目標去奮鬥！如果你夠細心的話就會發現，那些卓越的領導者都是講故事的高手：他們懂得利用「虛構的故事」，把大家凝聚在一起，讓個性迥異的一盤散沙變成無堅不摧的利器——這絕對是一門高深的學問！為什麼我要把這些理想、目標和遠景叫作「虛構的故事」呢？為什麼我們要為自己的團隊發明和創造出這麼一件事呢？其實這個原因，還要追溯到人類的起源。

《人類簡史》這本書中就專門提到「虛構故事」對人類社會的重要性：當我們還是原始人時，社會的組織規模都很小：因為沒有文字和語言，人大多無法聊天和溝通，也傳遞不了訊息，所以那時候群體的規模很難超過五百人。慢慢地，人類發明了語言，也有了簡單的文字，人與人之間的溝通也從「今天去河邊撈魚，明天去山上摘果子」發展

到開始談論除了吃飯、睡覺、生孩子之外的事情，這時候領導者就披著「虛構的故事」這件外衣出現了，比如，有個人就站出來召集了一群兄弟，告訴他們：「各位，你們知道嗎？我們的身上都有一個共同的特質，叫作××民族，河對岸的人和我們不是一家的，所以我們現在要去打敗他們，然後建立起一個偉大的××國。弟兄們，跟我一起為了偉大的理想衝啊！」

其實嚴格來講，人類社會中所有形而上學的東西都是「虛構」的。社會如此，企業組織也一樣。比如公司文化、組織行為法則、團隊精神等，都是「虛構」的。作為一個卓越的領導者，你不能只是一個監工或者執行者，你應該讓自己成為下屬可以信賴和託付的偶像，你要想方設法為他們尋找和創造出一個值得獻身的理由；這可以是一個顛覆世界的科技產品（比如賈伯斯的蘋果手機），也可以是一個偉大的商業夢想（比如馬雲的「讓世界沒有難做的生意」），或者是一個啟迪靈魂的信念（比如Google的「絕不作惡」的企業信條）。

3. 挑戰現狀：為團隊指引方向，保持戰鬥力

領導力五維模型的第三條叫作「挑戰現狀」。還記得前面提到過的「管理者」和

「領導者」最大的差別是什麼嗎？那就是「把事情做對」和「做對的事情」的差別。如果你只是低著頭一心只想把手頭的工作做對做好，那麼你永遠都成不了下屬願意追隨的卓越領導者，因為你無法為團隊發現和指引正確的方向。因此時間久了，同事們會產生一種「跟著你混沒有前途」的挫敗感。此外，從心理學的角度來看，一個人如果長期從事同一份工作，那麼他的效率和意願一定會下降，因此，給下屬更多嘗試新鮮事物的機會，多鼓勵和寬容他們挑戰現狀，整個團隊才能始終保持超高的戰鬥力！

4. 使眾人行：培養有潛力的人才，並適時賦能

「使眾人行」是說領導者要懂得發現和培養有潛質的人才，同時在工作中要做到充分的授權，因為你的作用不是獨立完成目標，也不是為了證明你是整個團隊中最優秀的人。一個卓越的領導者應該有足夠的胸懷去寬容不同性格、不同工作風格的下屬，努力為下屬的成功創造機會、保駕護航，這樣做才能招攬和留住真正有能力的人，讓他們死心塌地為你服務，從而最終達成團隊目標。其實真正睿智的領導者都很聰明，他們知道如果團隊中的每個人都能發揮超水準，那麼最終受益的是老闆自己。

5. 激勵人心：激發意願，才能使團隊成功

「激勵人心」是領導力五維模型中的最後一條，這是非常關鍵但也是極少有人能始終做到的一條。一個人之所以能出成績，核心的因素有三點：知識、能力和意願。如果你只告訴下屬什麼是目標（也就是知識），然後進行了授權和賦能（使之具備了能力），卻沒有激勵他們為之奮鬥（也就是意願），那麼最終團隊是不可能成功的。我曾經聽過這樣一個小故事：戰爭時，某國的一艘潛艇在海上遭到多艘軍艦的追殺，潛艇多處受損，陷入了生死危機，這時艇長必須做出一個艱難的決定：是冒著被海水的壓力擠垮船身的危險繼續下潛以躲過敵軍的追殺，還是坐以待斃、陷入臨死前的慌亂之中無法自拔？在這個危急的關頭，艇長挺身而出，以無比鎮定的神情下達了命令：繼續下潛！這時輪機長驚恐地問道：「艇長，我們現在已經臨近下潛的極限深度了，如果再往下，船會不會出事？」艇長斬釘截鐵地說：「不會！因為我聽說過之前的成功先例，所以這艘潛艇完全沒有問題！全體注意，聽我的命令，立刻下潛！」

就這樣，他們冒著極大的生命危險，最終僥倖躲過了追殺。回國後，他們被當成英雄，受到了熱烈歡迎，無數媒體也爭相採訪艇員，大夥兒都眾口一詞地讚美那個艇長當時的表現：果敢堅定，臨危不亂。其中有個記者注意到了一個細節，那就是艇長曾經無

比堅定地告訴大家：這艘船絕對耐得住更深的水壓：因為有成功的先例。於是記者就去找艇長核對事實，一問才知道，根本沒有這種所謂的先例。

在當時危急的情況下，作為能夠決定五十多人生死的艇長，他絕不能有任何的猶豫。而更加重要的是，他必須表現出絕對的自信和堅定，並且要始終用這種鎮定的情緒去激勵和影響大家，因為這時候能決定生死的不是技術也不是能力，而是領導者能不能為大家帶來希望，能不能激發出每個人求生的本能，合力與命運搏一把。

51 ▼要爭天下，必先爭人

當我們知道了「領導者對於團隊的價值和意義」，以及卓越的領導者都是什麼樣子之後，我們還需要知道第三點：如何讓你的下屬毫無保留地追隨你。

要想成為一個被下屬自願追隨的領導者，就必須先博得下屬對你的信任，而這種信任來自以下這些優秀的行為。

1. 為他人傳播美名，勇於擔當。美國的一位非常有成就、被業界公認為最受隊員尊敬的橄欖球教練曾經說過這樣一段話：當事情搞砸時，我會說「是我做的」；當事情有功有過時，我會說「是我們大家做的」；當事情取得了完美的結果時，我會說「是你們做的」！這就是我贏得比賽勝利的全部祕訣！所以你看，做一個有擔當的老闆，別人才會全身心為你效力；否則有好事就是你的，搞砸了就讓下屬承擔責任，那麼下屬也不是傻瓜，他們只要被你傷過一次心，就會從此對你敬而遠之了。

2. 你授權的只是工作和任務，而不是責任。懂得放權是好事，因為這樣可以更多、更快地鍛煉下屬，促進他們成長。但這個時候你必須要注意一點：絕對不能推卸責任。記得有一次我參加一場關於專案進度彙報的每週例行會，當我發現改進行動中有一項沒有按時完成時，非常不滿地問專案經理是怎麼回事。結果他立刻就把自己的責任推得一乾二淨，他是這麼說的：「對不起老闆，這個問題真的和我無關！因為這個行動我已經指派給我的一個下屬了，按道理他應該很清楚要做什麼及何時做到，沒想到他做事這麼不可靠，等會兒我一定好好教育他！真是太不像話了！」

這就是一種極其損害下屬信任的惡劣行為。每一個領導者都必須牢牢記住：你可以指派任務、授權工作，但是責任絕不可以推卸！也就是說，只要是你團隊的事，那麼無論這件事具體是由誰主辦的，也無論最終做好還是做壞，你都要為結果負責。這就要求你在分配工作之後，必須時時追蹤並給予下屬指導，承擔起一個領導者應該負的職責！有成績就上，出事了就躲，這種行為是會被下屬極其看不起的。

✔你也能讓下屬心甘情願跟著你

要想讓下屬心甘情願地追隨你，以下三個要素請牢記在心。

第一，要明白領導者對團隊的價值和意義。請做一個指南針而不是只會提醒時間的鬧鐘。別忘了那兩句話的差別：「把事情做對」和「做對的事情」。

第二，掌握領導力五維模型，成為最受下屬歡迎的領導者。說「跟我上」而不是「給我上」；學會講故事；挑戰現狀不要怕犯錯；給下屬賦能，幫助他們成長；最後，懂得激勵團隊的重要性。

第三，要想讓你的下屬毫無保留地追隨你，那就絕不能推卸責任，要做個有擔當的領導者。

第 12 章

下屬眼中最不可靠的四種主管

前文中我們談到，要掌握領導力五維模型，讓下屬自願追隨你。之前我們強調的都是領導者的正面形象，但其實在現實的職場中，我們也經常看到一些極其不可靠的領導者形象，那麼這其中最具典型性的都是哪些人？萬一你也不幸名列其中，有什麼好方法能讓自己從「不可靠」轉化成「很可靠」？這就是本章我們關注的兩個內容：

1. 下屬眼中四種不可靠的主管；
2. 如何讓自己從「不可靠」變成「可靠」。

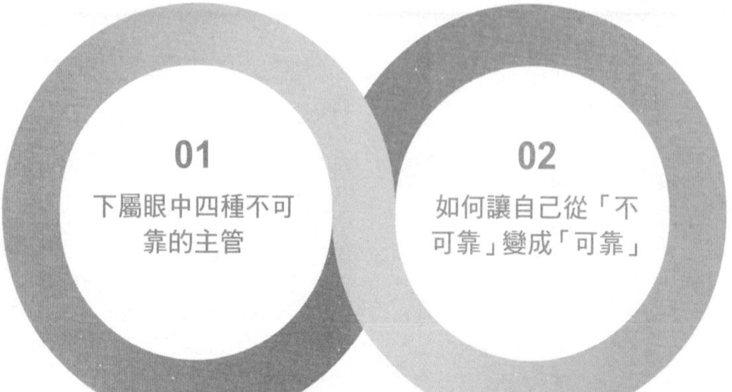
01
下屬眼中四種不可靠的主管
02
如何讓自己從「不可靠」變成「可靠」

▲ 成為可靠主管的兩重點

52 ▼揭露最不可靠的主管特質

現在依次介紹不可靠主管上榜名單。

1. 永遠正確的事後諸葛亮

「不可靠主管」排行榜的冠軍，就是「永遠正確的事後諸葛亮」。事情發生之前，如果你去找這類主管徵求意見，他總是既不說同意，也不說不同意，只是給你一大堆聽起來沒有任何用處的建議，然後讓你自己去消化。當你按照自己的理解去做決定，然後出了結果，如果成功了，那他一定會當仁不讓地咧著嘴說：你看，我當初說得對吧！這件事就應該按

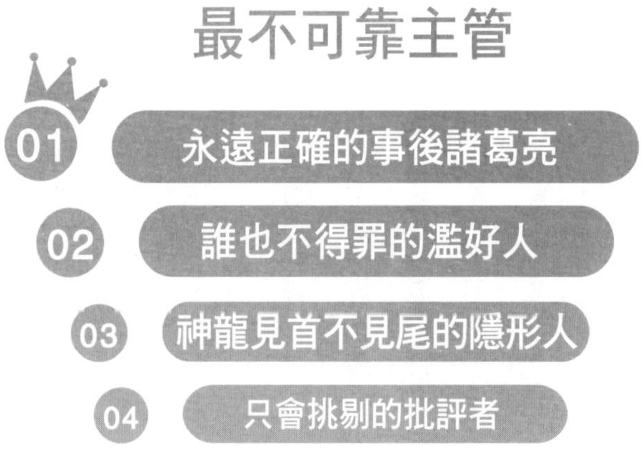
最不可靠主管
01
永遠正確的事後諸葛亮
02
誰也不得罪的濫好人
03
神龍見首不見尾的隱形人
04
只會挑剔的批評者

▲ 不可靠主管的榜單

我說的那樣去做！如果搞砸了呢？他一樣有話說：你看，我當初就是怕出這樣的亂子，才給了你那些建議，你怎麼都不聽我的忠告呢？要是你當初好好地按我的意見去做，那結果百分之百不會出錯啊……

2. 誰也不得罪的濫好人

這排名第二位的不可靠的主管是「誰也不得罪的濫好人」型的領導者。這類老闆工作倒也積極認真，在團隊中人緣和口碑也還不錯，但有個致命的毛病：在下屬的眼裡，他們根本沒什麼用。為什麼？因為他們既不敢說重話，也不敢做重事，當團隊和其他部門發生衝突、產生爭執，需要協調和談判時，這類主管能躲多遠就躲多遠，根本不願意也不敢幫下屬出頭，更別提去做那些有可能「得罪」其他部門主管和同事的事情了。因為在這些人的眼裡，和所有人維持良好的關係是第一優先，因此得罪人的事他們從來不做。所以在下屬的眼裡，雖然他們看起來「人畜無害」，但是跟著這樣的老闆做事，心裡特別委屈！

3. 神龍見首不見尾的隱形人

名列最不可靠的領導者排行榜第三位的叫作「神龍見首不見尾的隱形人」。如果說上一種類型的「不可靠」老闆是有點用力過猛的話，那麼這種老闆就是肌肉萎縮症的患者了。這類老闆通常都是這種模樣：成天不是窩在辦公室裡吹空調，就是奔波於各個會議室竄場子，總之你在團隊中是幾乎見不到他的。如果你想和他談談心、聊聊天，他會怎麼辦呢？他會馬上做出無比繁忙的樣子：「好好好，我知道，最近太忙了，等我開完這個會（等我寫完這個郵件、等我打完這個電話）就一定去找你，稍微等一下。」他最終真的會找你嗎？答案不言而喻。

4. 只會挑剔的批評者

記得我剛做管理者時，讓我最「享受」的一個場景是這樣的：我帶著家人正在海邊休假，這時一個下屬打來電話，報告說明天大老闆要看一個專案進展的報告，部門裡的同事瞬間就亂了陣腳，誰也不知道該怎麼做，只好打電話向我請示。於是我一邊斬釘截鐵地給他們做著詳細的指示，一邊面帶微笑地罵道：「你們真不中用！難道我休假了部門就不做事了嗎？」這時那些聰明的下屬就會這樣恭維我：「是，老闆您批評得真對，我們這個部門缺了您這位大智大勇、高瞻遠矚的好老闆，那可是真的不行啊！老闆，求您了，趕快回來吧！我們可真是想您了！」最後我就帶著一陣滿足的笑，掛了電話。

其實後來我才明白，這些同事並不是不會做那個報告，而是不敢做，也不願意做。為什麼呢？因為害怕挨我罵，不想浪費自己的時間。以前所有類似這樣的重要事情，都是由我來親自處理的，因為我不放心，我總是會發現下屬們準備的資料裡、報告中、彙報時有錯誤，或者有不合我意的地方，因此為了保險起見，還是自己動手比較可靠。

時間一長，所有的同事就都成了擺設，因為無論他們怎樣努力，最終我都能發現這樣或者那樣的問題，然後還要逼著他們按我的意見再重做一次。一次、二次，你想，誰還願意主動做事呢？所以你看，只會挑剌的老闆是多麼惹下屬討厭。

53▼變成可靠主管的良藥

我做過別人的下屬，所以有幸見識過各種類型的領導者；我也當過別人的上司，因此聽到過許多下屬在私下裡對我的回饋。無論從哪種視角來看，以上四種「不可靠」的領導者類型，我個人覺得還是相當有代表性。要想管理好團隊，達成良好的業績，你就必須讓下屬們對你心服口服，最起碼也要讓他們在內心覺得你是個值得信賴的老闆。但如果很不幸，你現在已經或多或少地患上了以上四種「病症」，該怎麼辦？

治病要對症，要想讓自己由「不可靠」變成「可靠」，有以下四種針對性的藥方。

1. 挑刺者：承認自己非萬能

對這種患者，我給出的處方箋是：承認自己不是萬能的，再去找一些比你厲害而且和你「長相」不一樣的下屬來。

只會挑刺、只會發現下屬的問題，這是一種非常自滿且封閉的心態，這種心態會斷送掉你學習和成長的機會。能走到管理者的職位，這本身就說明你有比別人優秀的地方。既然如此，為什麼還要處處在下屬面前顯示你的英明、正確性呢？只有那些沒有自信的人才會這樣做。坦然接受自己的不足，尤其要在內心承認：我的下屬可能比我厲害。承認下屬比自己優秀，這是一件讓初階管理者們很有挫敗感的事，但為了自己的職業發展，你必須勇敢地做到這一步！甚至不但要做到，還要再向前一步，比如聘請一些比你還厲害的下屬來為你做事，這才叫本事。

以我為例，那時我還在戴爾公司，帶著一個三十多人的小團隊，彙報給一個管理中國區業務的主管。沒過多久，我的老闆要調到新加坡總部擔任亞太區的主管，這樣一來，中國區主管的位置就空了出來，對我的老闆來講，他當時有兩個選擇：

第一，把我升上來補他原來的坑。

第二，對外徵才：找一個同行的能人來做「空降兵」，然後讓我向新老闆彙報。

當時我的老闆比較傾向於對外徵才，因為他覺得我在能力、格局、思維方式上還不太出色。但是我的實際表現確實不錯，而且好學上進，因此他也不想放棄我，於是就開始雙管齊下：一邊去市場上找強人，一邊安撫我、鼓勵我繼續留在團隊好好發展。可惜經過幾輪面試，最後還是沒有找到合適的人選，於是他提出了一個折衷的方案：提拔我頂他的坑，但只是「代理」（acting），就是既不加薪也不升職，但是要多做事。與此同時，他又從外面找了一個能力很強的人當我的下屬，輔助我的工作。這時令我最鬱悶的情況發生了：那就是新來的人薪水居然比我高了三〇％！當我在人資系統裡看到這個數字時，火氣一下就起來了！二話不說，我立刻就拿起手機，打了電話給老闆。那通電話一共打了將近一個半小時，原本只是想發洩自己的不滿，可是聊到最後，我慢慢開始明白老闆的良苦用心，如果你真的是一個有野心、想要快速提升自己能力的領導者，那麼就必須有包容他人的心胸和勇氣，找一堆能力、知識和創新精神比自己強的下屬，透過管理他們，激勵他們，協調他們的工作，最終讓他們心服口服地追隨你，其實這才是提升你的領導力的最好鍛鍊！中國有句古話叫士為知己者死，說的就是這個道理。如果你給這些人足夠的尊重與授權，那麼他們的能量和貢獻將是無比巨大的。

接受了老闆的說服教育之後，我心平氣和地和這位下屬開始了合作。效果確實不錯：從能力提升的角度，我在她的身上真的學到了很多自己以前不懂的東西，也開始慢慢地領悟如何去管理一個比自己厲害的下屬。除了工作上的收穫以外，我還得到了一個更讓人興奮的好處：三個月之後，我的老闆透過努力爭取到了一筆特殊的預算，將我的工資一下子提升了三五％；半年之後，我也終於得到了正式的升遷！

俗話說得好：在哪裡跌倒，就在哪裡趴下。在這次「意外」發生三年後，嘗到甜頭的我又自導自演了一齣同樣的戲碼。如果說上一次我還多多少少有點被動和勉強，那這一次我簡直就是歡天喜地、敲鑼打鼓地進行。因為業務拓展的原因，我們公司需要上線一個全新的產品，而當時內部人員對這個新型的業務都不太熟悉，因此需要從外面聘請一批具備不同技能的專家，而這就給了我再次玩這個「漲薪」遊戲的機會。

所以你看，承認自己的不足，找一堆比自己還厲害的下屬，這絕對是比只會挑刺更加可靠的一種領導藝術。

2. 濫好人：為下屬創造有利的價值更重要

針對「濫好人」型領導，我開出的處方箋是：正確理解職場關係的含義，做個讓下屬又愛又怕的高效率領導。管理團隊的最終目的不是處理好職場關係，而是要達成商業目標。因為任何一家企業的核心訴求，都是追逐利益的最大化。並且下屬來公司上班的最大動力，是要尋找一個更好的工作平臺，讓自己賺更多的錢，更快速地發展自己的職業生涯，以及實現個人成就。因此，所謂的職場關係其實很簡單：作為一個領導者，你能不能為自己的下屬創造價值？當自己的下屬有困難時，你能不能提供有利的幫助？如果這兩個最有意義的問題你都無法解答，那麼就算你和下屬的關係再融洽，到了關鍵時刻，他們還是會放棄追隨你。

所以，在下屬面前，當不當好人其實一點都不重要，關鍵是要能給下屬帶來切實的利益和幫助。

3. 隱形人：展現自信，與下屬在同一陣線

對於「隱形人」型領導者，我的診斷意見是：勇於表現自我，做一個自信、有擔當的大哥！領導者對於團隊的作用，不只是下達命令、指出方向、監督進展、管理KPI等這些非常理性的東西，其實領導者還有一個很重要的職能，就是激勵團隊，鼓舞人心，起到積極向上的榜樣作用！因此，你絕不能躲著不見人！還記不記得之前我講過的那個堅定果敢的潛水艇艇長，試想一下，如果當時他是躲在艇長室透過電話發號施令，全船五十多人根本看不到他那篤定的眼神、堅毅自信的臉部表情、鎮定自若的肢體語言，那麼全船當時一定會亂成一鍋粥，誰也別想活著躲過頭頂軍艦的追擊。因此你要明白，作為一個領導者，你管理的是一群有血有肉、有感情有思想的高級動物，因此要想讓這些人對你言聽計從、尊敬佩服，除了科學的方法之外，還一定要有些感性的東

西，比如時不時和大家吃個飯、聊聊天，經常在團隊中走動一下，當下屬遇到困難需要幫助時，及時出現在現場，哪怕你什麼都不做，但是你出現本身，就是一個強有力的信號，相當於告訴大家：大家別怕，老闆隨時和你們在一起，弟兄們，都給我打起精神來，最後的勝利一定是屬於我們的！

4. 事後諸葛亮：不要害怕犯錯，要有開放的心態

我覺得這種病非常好治，多犯幾次錯誤，你的病就好了。這類領導者最大的一個問題就是害怕犯錯。但這個世界上有不犯錯的人嗎？有，那就是不做事的人，因為只要你做事，難免會出錯。下屬如此，領導者也一樣。因此，不必刻意地在下屬面前保持一個永遠不犯錯的形象，這不可能！在此，我很想跟你分享一個網路思維裡的概念，叫作反覆運算。什麼是反覆運算呢？其實就是小步快跑，試錯，從錯誤中學習和進步。如果還是不懂，那就拿出你的手機來看，相信現在每個人的手機上都裝了多種應用程式。安裝之後，你會經常收到它們後臺發來的更新通知，剛上市時是 1.0 版本，透過試運行和用戶回饋，馬上推出 2.0、3.0，逐步改進直到接近完美。

軟體和網路產品如此，領導者也是一樣。沒有人生來就是終極版的，都是一路在職

場摸索過來的。錯誤是職場最好的老師，你只有抱著勇敢開放的心態，敢於試錯，才能由好的領導者變成高效能的領導者，並最終躋身于卓越的領導者行列！

✔四帖良藥，讓你變成可靠的領導者

所謂「不可靠」的領導者類型一共分四種，他們分別是「只會挑刺的批評者」、「神龍見首不見尾的隱形人」、「誰也不得罪的濫好人」以及「永遠正確的事後諸葛亮」。

要想讓自己從「不可靠」變成「可靠」，請牢記四帖良藥：沒人能永遠一次做對所有的事，因此敢於試錯，不怕失敗，積極地從錯誤中學習和總結，最終你會離「可靠」越來越近的！

第13章

下屬得過且過，如何激發下屬的潛能

面對插科打諢、得過且過的下屬，應該如何激發其潛能，讓他們對你心服口服？想真正做到這一點，那就必須想清楚以下兩個問題：

1. 想做職場好人，就當不成卓越的領導者。
2. 殺伐決斷、毀譽參半——這才是高效、有價值的領導者的特質。

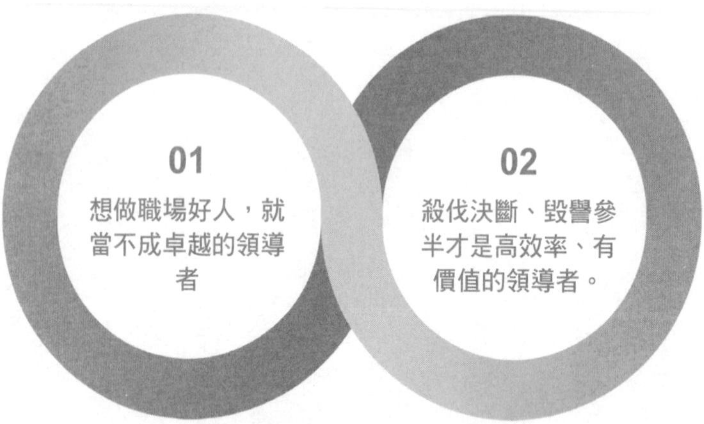
01
想做職場好人，就當不成卓越的領導者
02
殺伐決斷、毀譽參半才是高效率、有價值的領導者。

▲ 帶領下屬，先想好這兩問題

54 ▼第一次當領導者的經驗談

我人生的第二份工作，是在麥當勞當見習生，然後一步步升到管理階級：從掃廁所、煎漢堡、炸薯條甚至帶小朋友跳舞，到餐廳營運管理、員工培訓和社區促銷，那真是需要十八般武藝樣樣精通。記得剛開始做管理人員時，我最喜歡的一項工作是「樓層值班經理（Floor Manager）」：每四個小時換一班，當班時你就是「三軍總司令」，全餐廳的工作人員都歸你調遣，任何突發事件也歸你處理。這對於參加工作才一兩年，還沒有過過官癮的我來說，絕對稱得上是一件非常刺激又有面子的事情。

好玩歸好玩，想做好這項工作卻相當不容易。記得那時餐廳員工多以兼職的時薪打工為主（在讀的大學生），他們來麥當勞打工主要是為了賺點零用錢、交朋友、吃免費的速食（二十世紀九〇年代初的麥當勞對於學生來講，還是奢侈的消費，能透過打工吃一頓漢堡薯條，無疑是一件相當令人期待的事情），因此如何在當班時管理好這幫「插科打諢、得過且過」的小猴子，實在是一件頗令人頭痛的難事，困難點主要表現在：

挑工作：誰都想去站櫃臺（工作輕鬆有趣，還能和客人聊天）、打掃員工休息室（可以打混摸魚）；但是沒人想去大廳（掃廁所）、盥洗台或廚房（既髒又累，或者很熱）。

想多騙點免費漢堡吃：按餐廳的規定，四至六小時（含六小時）只能有一頓免費漢堡吃；六小時以上才有兩頓。為了控制成本，管理組一般只排六小時以下的班——這對於那些剛好上六小時班的同仁來講，絕對是一件令人鬱悶的事情。不過這件事倒是有解決方法：那就是「值班經理」有權根據實際營運情況延長員工的工作時間，這樣一來就可以多吃一頓美味奢侈的洋速食了。

抗壓能力差，離職率高：很多人從小嬌生慣養，沒吃過什麼苦；而且大部分人並沒有將麥當勞當作今後長遠的職業發展平臺，因此工作積極性並不高，動不動就遲到早退，稍有不滿就辭職，非常不好管。

55▼好老闆評價，其實是糖衣炮彈

但就是在這樣艱難的環境下，我居然還得到了同仁們的「表揚」。有一次在餐廳員工休息室吃飯時，我無意中聽到了一段員工的對話：當大家正在對餐廳的經理品頭論足時，有位同事站了起來：「我平時只會在兩個人做值班經理時認真做事：一個是Peter，另一個是李××。」「為什麼呢？」大夥兒好奇地問道。

「因為李××非常嚴厲，每隔五分鐘就要巡視整個餐廳，搞得你沒辦法偷懶；而Peter當班時我是不好意思偷懶，因為他是一個好老闆，對誰都非常好：如果你臨時有事要請假或者想延長下班時間，多吃一頓免費漢堡，或者晚上打烊太熱想要點冷飲喝，他一般都會答應。你說，對這樣的好老闆，我怎麼好意思在他當班的時候混水摸魚呢？」「這樣啊，那下回我也要在Peter當值班經理的時候上班！」

作為一個初入職場的基層管理者，能得到這些刁鑽古怪的小朋友們如此正面積極的評價，我陶醉了好幾天。因為這段特殊的經歷，我也頭一次對「如何做個好老闆」有了切身的理解，那就是：要做一個好人，一個人人都不會說我壞話的人。

於是我開始變得非常在意下屬對我的評價。如果哪天我發現自己的某些決定、判斷或意見可能令一些員工不開心，那我一定會急得睡不著覺。因此為了做一個「好老闆」，我不惜犧牲自己的家庭時間去和員工談話、互動；為了讓每個人都滿意，我從不輕易懲罰員工，更別提開除員工，即使是那些屢教不改、成天混日子的人；為了避免負面的評論，我小心翼翼地避免和同事、老闆發生衝突，甚至連不同的意見，有時我都不想、不敢也不願意提出來。

56 ▼拒做職場濫好人，不害怕他人評價

我像孔雀愛護羽翼一樣呵護著自己無比珍視的「口碑」：「Peter 是個好老闆，一個非常好的人。」

但是不久之後，因為一個人的出現，我對這種想法產生了懷疑。大概是我三十五歲的時候，因為工作業績突出，我被公司挑選參加了一個人資部門的專案，叫作「潛在領導者發展計畫」，這其中有一個很好玩的遊戲，叫作「導師制度」：你可以挑選（或者被指定）一兩個公司高層的主管擔任你的導師，而選擇的標準很簡單：在五年、十年之後，你最想讓自己成為的那個人。

記得當時我挑選的是亞太區的業務大佬。挑選他的原因其實倒不是因為我想在五年或十年後成為他，而是因為這傢伙讓我非常看不懂：這是一個非常有爭議的領導者。喜歡他的人無不讚賞他有大局觀，有擔當，做事雷厲風行，同時極富個人魅力；而討厭他的人卻在背後把他罵個半死：「脾氣差，冷酷，不懂得體恤下屬」。但奇怪的是，他在

如此巨大的爭議中一路高升，最後做到了CEO的直屬部下，管理著整個亞太區幾十億美元的生意。

難道我對領導者的定義：要做個好老闆，是錯誤的？還是他掌握著表面不為人所知的祕密？再不然就是他和CEO有著不可告人的神祕關係？這一切疑問都讓我對他產生了強烈的好奇心。於是當我們的師徒關係一確立，我就立刻找他進行一次非常有趣的溝通，最終這場對話，卻讓我開始有了「精神分裂」的症狀。

我吞吞吐吐、欲言又止地問他：「老闆，你真的不擔心別人在背後對你的那些議論嗎？就是那些……」

導師：「喔，你是想說那些罵我的評論嗎？哈哈哈，那你跟我說，他們私下裡都是怎麼罵我的呢？」

我無比尷尬地解釋：「沒那麼嚴重，老闆，只是好的壞的評論都有，因此我擔心這樣會不會影響到你……」

他明知故問：「影響我什麼呢？」

我：「比如你在下屬和上級中的口碑，還有你的形象和權威。被下屬說你不好總歸不好吧？」

導師：「Peter，其實我觀察你有一段時間了，你是個非常努力上進的經理人員，但我並沒有覺得你是個合格的『領導者』。因為你總是在刻意討好別人，幻想著成為受每個人愛戴的上司，因此有時候你其實並不贊同某些人的觀點，卻不敢講出來；或者因為害怕會讓某些人不開心，而不敢做出得罪人的決定。你為何要做這種出力不討好的事情呢？其實，一個真正高效率、正直、受人尊敬、能成大事的領導者，絕對不可能是好好先生，他應該是懂得殺伐決斷，是非分明，勇於承擔責任，並在必要時敢做強硬決定的人！」這次談話雖說已經過去十多年了，但當時給我所帶來的震撼至今讓我記憶猶新。首先，我感到非常沮喪，因為自己遵循了這麼多年的「領導力法典」，在這個職場大咖眼裡居然是如此不堪！其次，我真的挺不服氣的——你這個被眾人罵成「臭脾氣」的人，還教訓我是個「人見人愛，花見花開」的超級好老闆，是不是也太把自己當回事了！雖說你的職位比我高，但這也不能代表你就一定比我強！

表面上雖然不說，但我在心裡是不太認可他的想法的，因此雖然一對一培訓始終在按期進行，但效果並不太理想。不過幸好接下來所發生的一系列變故，讓我最終澈底地明白：做「好人」和做一個「卓越的領導者」，是無法並存的！

57 ▼卓越領導者，懂得創造集體價值

第一個變故來自隊伍內部：一個跟了我很久，一直被我視為心腹的下屬突然提出了離職，而理由居然是「跟著你可能不會有大的發展，因為你關心的不是那些對團隊最有價值的人和事，而是去討好每一個人。即使有人做得不好，每天混日子，你也狠不下心來處理他們，結果只能讓我們這些認真做事、對個人發展有企圖心的人感到心寒。老闆，我有時候覺得你活得太累了」。

當我還沒有從來自「叛徒」的打擊中回過神來時，更大的打擊卻接踵而來：我期待了很久的「總監」升職申請被駁回了，而給出的理由居然又是和領導力相關：「Peter是一個認真負責、工作積極的管理者，過往幾年的KPI表現有目共睹。但是他最大的問題在於領導力薄弱：不敢堅持自己的觀點，在充滿衝突和暗藏風險的環境下，缺乏做艱難決定的意識、勇氣和能力。如果Peter不能在未來的發展中解決好這個問題，那他將無法承擔一個『卓越的領導者』的責任和挑戰。」

所以做好人和當卓越的領導，是不能畫上等號的。當然，也不是不當好人，就能成為卓越的老闆。殺伐決斷，毀譽參半：這才是高效、有價值的領導者應該具備的行為。

「做一個『好人』難道錯了嗎？我想讓團隊裡的每個人都滿意難道不對嗎？我『關心』下屬，『體恤』員工難道不應該嗎？保持『良好』的口碑難道是多此一舉嗎？」我曾這樣滿懷委屈地向導師訴苦。

導師告訴我，我的這些想法的初衷都是好的，但問題是我太貪心了。隨後導師建議我從以下三個面向考慮如何成為高效、有價值的領導者：

1. Do thing right 還是 Do right thing（把事情做對還是做對的事情）？

2. 監督下屬做好自己，還是激勵他們超越自我？

3. 做一個讓所有人滿意的人，還是做一個對集體有價值的人？

「好人卡」其實是一種最廉價的禮物，而你卻把它視若珍寶。讓所有人都滿意，到最後往往傷害的是那些對團隊和你本人最有價值的人。我不是在鼓勵你做「壞人」，但在職場或者人生之路上，你真正應該關心的是你的「自我評判」而非別人的嘴巴：只要你有篤定的價值觀（正直、守信），清晰的自我認知和獨立的思考，以及堅韌不拔的毅力，那就不要去顧及所謂「別人眼裡的你」——因為無論你怎樣行事，作為一個領導者，最終都會收穫「毀譽參半」。

知道什麼是「對」的事情，並堅持不懈地把它做好；懂得發現下屬的潛力，並支持和激勵他們突破常規、超越自我：這才是一個卓越的領導者真正應該關心的問題！沒有原則地討好每個人，其實是一個既不可能完成，也毫無意義的無聊舉動。「尊重」和「喜歡」有時候是兩個完全不同的概念，當我們選擇一家公司、組織和老闆時，「喜歡」並不是唯一的標準，是否有發展、能不能學到有價值的東西、有沒有回報（錢、個

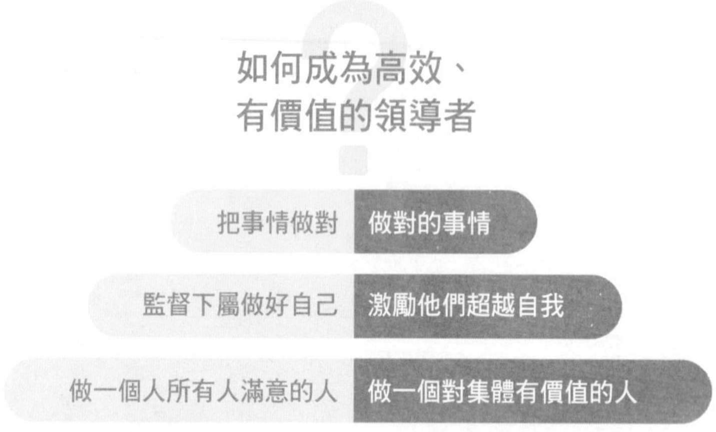

把事情做對	做對的事情
監督下屬做好自己	激勵他們超越自我
做一個人所有人滿意的人	做一個對集體有價值的人

▲ 主管是要讓所有人滿意，還是要能創造集體價值？

人的市場價值、對社會的貢獻），這些才是職場人首先應該考慮的問題。

✔想做職場好人，就當不成卓越的領導者

第一，想做職場好人，就當不成卓越的領導者。請別再心懷那種天真而沒有意義的想法了，領導者首先需要懂得給團隊和下屬創造價值，而不是去博得下屬廉價的好人卡。

第二，殺伐決斷，毀譽參半：這才是高效、有價值的領導者的特質。做團隊的指南針，告訴大夥兒什麼是「對的事」，而且懂得用「胡蘿蔔加大棒」（Carrot and Stick）的激勵手段，帶領大家達成目標！

第 14 章

初階主管常犯的三種錯誤

上一章談到做濫好人與做卓越的領導者之間的辯證關係，其實除了不要做濫好人之外，在管理下屬時，還有三種領導形式也要警惕，否則你一定會陷入上司忙得團團轉，而下屬卻閒得難受的結局。這三種領導形式對應的三種領導者就是：

1. 工蜂型主管；
2. 婆媽型主管；
3. 冷淡型主管。

三種奇怪的老闆
工蜂型
多關心大局，把主要精力放在「做人」上，多動腦子，少秀肌肉
冷淡型
一視同仁，上下兼顧
婆媽型
學會放手，把決定權下移，靠建立機制而不是人治去管理團隊

▲ 初階主管常犯的三錯誤

58 ▼工蜂型主管：累死自己也沒價值

蜜蜂和人類一樣，也是群居而生的。在蜜蜂的組織中有一類非常有趣，牠們的名字叫「工蜂」，這是一群最勤勞的傢伙，每天都在庸庸碌碌中度過，可以說，它們每天除了吃飯睡覺就是在工作，不辭辛勞，任勞任怨。清理蜂巢，調製蜜粉，餵養幼蟲，守衛蜂巢，甚至包括產卵。毫不誇張地講，它們幾乎包辦了蜜蜂社會中所有的工作，基本上是從一出生就活活工作到累死為止。

其實在我們任職的公司中，也存在著像工蜂一樣的老闆，他們事必躬親，想做團隊中最能幹、最瞭解業務的人，期待組織中每個人都能對他無比依賴。一個組織要是有這麼樣的一位領導者，他很偉大，但團隊中的同仁們可就遭殃了，為什麼呢？

我們試想這樣一個場景：辦公室裡，三位同事都在抓耳撓腮、非常痛苦地在工作，看起來似乎遇到麻煩了，但一看到老闆立刻如釋重負，一個個拿著電話和資料夾衝向老闆：「老闆你來了，這個事情我不會做啊！」「主管啊，這個問題太棘手了，我沒做過啊！」「經理啊……」老闆一邊罵他們笨，一邊讓他們都放下不要做了！還是自己來。於是老闆無比繁忙，下屬卻閒得沒事做。

你不得不承認，職場中確實存在著不少這類領導者，他們非常善良且願意刻苦耐勞，恨不得包辦團隊裡所有的事情。而更可怕的是，他們不覺得這是件錯誤的事，反而以此為榮：因為他們覺得這樣做能夠證明團隊非常需要他；一個好的領導者就應該具有勤勤懇懇、任勞任怨的老黃牛人設，否則下屬們會不服氣的！於是他們什麼都做，什麼都會，以成為組織中各項工作的專家為榮。

這類領導者以技術出身的人為多，通常都是從基層透過踏踏實實的苦幹升上來的，因此總覺得不工作的領導者就不是好的領導者，所以升任後還是保持著任勞任怨的工作風格。可是他忘記了，現在自己的位置和責任已經發生了改變：已經不是只要自己的工作做好就能成功的個體了，現在他手握一個團隊，一群下屬正眼巴巴地看著你為他們指引方向、調動資源、分配任務、解決問題、獎優罰懶、好讓整個團隊能在公司中勝出，這樣每個人才能從中獲利。如果現在還是盯著每一個細節不放，將來就算累死，也不可能讓團隊在和其他部門的競爭中取勝。

那該怎麼辦？很簡單，首先從心理上澈底打消「領導者要成為最好的、萬能的勞動者」這樣一個概念。具體的做法是這樣的：

1. 多關心大局，不要把主要的精力放在「做事」，而是放在「做人」上。這裡的「做人」是指把對的人放在對的位置，尋找和培養好的員工，為團隊制定長期的目標，為同事賦予能力，解決工作中的問題等。用通俗一點的話來說，就是多做點管理層面的事，別老是當埋頭苦幹的老黃牛。

2. 多動腦子，少秀肌肉。團隊管理得好，和領導者是不是「健身達人」沒什麼直接的關係。這裡的「健身達人」，就是指那些只會拚命幹活，恨不得自己成為全部門最懂業務、最勤懇、最任勞任怨的人。但是在職場，沒人看你勤不勤勞或者累不累，看的是你做事有沒有效能，有沒有結果，對一個領導者來說尤其如此！所以對工蜂型老闆來講，最好的改進方法就是再別頻繁秀肌肉，學會搖搖扇子、動動腦子、出出主意，可能對團隊的貢獻更大。

59 ▼婆媽型主管：培養不出能力好的部下

說完了「工蜂」，再來說「職場婆媽」。職場中還有一類老闆，像極了老媽：什麼事都要管，什麼事都要過問，恨不得全天二十四小時跟著你，結果最後自己累得半死，下屬們也怨聲載道，根本不會進步，為什麼呢？因為主管每天像念經一樣地煩著你，誰能受得了？

這類老闆的癥結點在於缺乏安全感，或者是控制欲太強：他們總是怕下屬犯錯誤，或者擔心下屬做不到自己想要的結果，於是事必躬親，當起了「超人+唐僧」。

對於有這種症狀的老闆，我的建議是：學會放手，把決定權下移，靠建立機制而不是用人治去管理團隊。這怎麼理解呢？先說學會放手：請記住，你是領導者，不是超人，你也不應該做超人。團隊的成功是大家的事，不是你一個人能完成的。話雖如此，但要想真正意識到這件事而且改掉這個毛病真的不容易。就拿我來說，我也是花了很多年，經歷了很多教訓才意識到這個問題對我個人以及整體的危害。記得我剛當上小主管的時候，最享受的狀態就是，我是團隊中的 VIP 中的「VIP」：團隊中所有重要的事情都要我親自拍板才能決定；大到組織目標、戰略規畫，小到辦公室桌椅的更換、廁所衛生紙的選擇，我都要一一過問。因此那時候我根本不敢休假，因為一休假同事們就像傻了似的，完全不會做事了！於是天天給我打電話做彙報，搞得我既開心又痛苦：開心的是這說明我很重要；而不開心的是，自己太累了，而且下屬好像越來越笨，我的事情也越來越多，工作永遠看不到盡頭。

這種狀況最終被一次升遷的失敗打破了：在做了三年的小團隊 VIP 中 VIP 之後，我終於迎來了一次升遷的機會，為了配合公司整體業務的擴張，我們部門也開始招兵買馬，擴充規模，這樣一來就生出了許多新的管理職位，當時我還是一個基層的小主管，下面有二十多把「槍」，再往上就是部門經理級；正巧此時多成立了一個新的部門，需要任命一位新的經理。這簡直就是為我量身定制的職位！就在我滿心期待這個機會非我莫屬時，消息傳來，大老闆們最後從外面聘請了一位新人擔任這個職位，而我還是原地不動。更氣人的還在後頭，當我找到大老闆哭訴時，他給我的理由居然是：我的現有團隊中找不到合適的繼任者，因此如果把我升遷調走，組織的業績會受到影響。

「Peter，都怪你做得太好了！」我至今都忘不了那天送我出門時，那位大老闆一邊壞笑地看著我，一邊說出這句讓我百思不得其解的話。如今十幾年過去了，我才真正明白：要想讓自己和整個組織快速發展，最好的辦法就是：主動授權，讓大多數的決定出自你的下屬而非你自己，管理團隊不要只靠一己之力，也就是人治，而要靠建立機制，賦予能力給下屬，讓他們最終成長茁壯，變成比你更優秀的人，這樣你才能升到更高的位置。

60▼冷淡型主管：職場關係不能只向上看

第三種奇怪的老闆：冷淡型。什麼意思呢？職場中有一類領導者，他們的眼睛都是向上看的，每天只對上不對下，看到的都是大老闆的事情，關心的都是如何處理好向上的關係，卻根本不願意花時間和團隊裡的同事們交流。這種人在上頭大老闆面前熱情似火，可對待下屬卻冷漠無比，十足「冷淡」的狀態。時間久了就一定會出現這麼一種結局：領導者忙著跑大老闆的辦公室，看著也累得半死，可下面的同事因為得不到及時的指導和溝通，不知道該做什麼，也不願意為這樣的領導鞠躬盡瘁，於是成天無所事事。

其實職場中這一類領導者還真不少，因為在追求現實效益的職場中，老闆的賞識和信任看起來好像比下屬的發展更加重要。因此只為上而不為下也就成了一些領導者的不二選擇。這個問題確實不好處理，處理好上司並與之建立信任關係，這是身在職場的每個人都需要解決的問題。但與此同時，你也別忘了，職場關係是多維、多方向的。也就是說，你要具備全方位的視角，同時處理好各個維度的關係，比如除了對老闆，還有下屬、同階級的同事及客戶。因為這些關係之間可能還會延伸出更進一步的關係；與此同時，這些關係也可能是動態的，比如你今天的下屬明天可能就成了決定你前途的大老闆，你的同事某天可能成了決定你未來業績的大客戶。因此，一定要用長遠的眼光來看待職場中的各種關係。

要想避免成為這種「冷淡」型老闆，其實方法並不複雜，那就是：一視同仁，上下兼顧。前文中我們提到了一個概念：領導者的影響力和權威，是建立在價值而非廉價、表面的關係之上的。如果我們把職場規則想得澈底一點，那麼就會明白：無論職位有多高，頭銜看著有多厲害，和老闆的關係有多好，其實都不過是個領錢辦事的人（除了手握股票的創始人）。既然都只是領錢辦事的人，那麼我們要想在企業裡生存和發展，最終拚的只能是業績和營業額。因為就算大老闆再喜歡你，和你關係再好，但如果你不能完成業績，不能創造價值，那麼最終他也會受業績所困而停滯不前！因為他也不過是個高級打工仔而已。那麼問題來了：請問你的業績和營業額從何而來呢？答案就是你的下屬。所以別一天到晚只盯著上面，多花些精力好好培養團隊，沒人願意追隨一個不顧自己發展的老闆。

✔千萬別犯初階主管常犯的三錯誤

如果你不想讓自己的團隊出現「上司忙得團團轉，下屬閒得無聊」的情況，那麼就絕不能讓自己成為以下三種奇怪的老闆：

第一，工蜂型主管。別總是把自己想像成最好的、萬能的，多注意大局勢，把主要的精力放在「做對的事情」而不是「把事情做對」上，好好鍛煉你的大腦而不是秀肌肉。

第二，婆媽型主管。學會放手，把決定權儘量交給下屬們去做，靠建立機制而不是靠人治去管理團隊，這樣才能獲得一堆比你還優秀的下屬的助力，走上更高的職位。

第三，冷淡型主管。學會一視同仁，上下兼顧。要明白職業發展光有上司的加持是不夠的，下屬們的業績和貢獻也是不可或缺的！

Part 4

對客戶忠言順耳，經營長遠的關係

第 15 章

秒懂客戶內心需求，快速建立信任

前文講述與老闆、同事及下屬建立關係需要瞭解對方，尋求共同的利益訴求點。那麼對待客戶又應該如何秒懂客戶內心需求，與之快速地建立信任呢？以下兩點正是解決問題的關鍵所在：

1. 與客戶初次見面時，巧妙運用「六步快速破冰法」；
2. 讀懂不同客戶的心理訴求，投其所好。

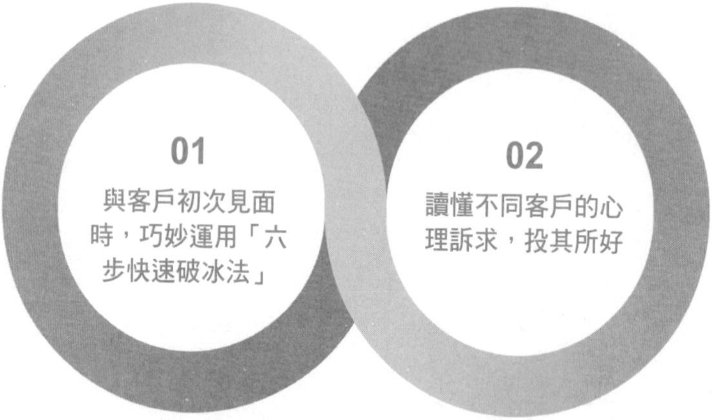
01
與客戶初次見面時，巧妙運用「六步快速破冰法」
02
讀懂不同客戶的心理訴求，投其所好

▲ 快速與客戶建立關係的兩關鍵

61▼與客戶交流，別自掘墳墓

處理好和客戶的關係是個需要實戰經驗的技術工作：破冰的同時，要發現和抓住客戶的核心訴求，最後搞定他們。這兩個要點我會透過一個故事來進行分析，因為它們是一個問題的正反兩面，而且在現實的商業活動中，它們是同時發生的。

記得我初任基層業務人員時，最怕的就是去拜訪新客戶，因為實在不知道該如何和他們進行一場愉快的初體驗：新客戶要不是不接電話就是避而不見，雖然抽空見了你，但在面談兩三分鐘後就開始面露不耐煩的表情，然後尋找各種藉口打發我，這真的令我倍感挫折和鬱悶。

直到我遇見了公司中的紅牌業務大哥，他的一番提點讓我對如何與新客戶快速破冰有了正確的認識。這是一位每季都能拿超額獎金的金牌業務，公司裡的每位老闆都很喜歡他，都恨不得把他拉入自己的業務團隊。因為我的業績始終不能達標，老闆只好把這位大哥從一線抽了出來，讓他專門帶我兩週：「如果你這一期再不能達標，那麼下個月就不用再來上班了！」老闆給我介紹完這位金牌業務，撂下這句狠話就走了。當我灰頭土臉地跟著這位大哥去了他的辦公室後，他用一連串的問題，開始了對我獨特的輔導。

問：你明確地知道初次拜訪客戶的主要目的是什麼嗎？

答：知道啊，賣東西！

問：在見客戶之前，你做了哪些細緻的準備工作？

答：比如準備產品資料、名片等。

問：在見客戶前，你有透過別人瞭解過他的一些情況嗎？

答：為什麼要做這些徒無用功的事呢？簡單直接的方式不是更好嗎？

問：在初次見到客戶時，你跟他說的前三句話是什麼？

答：第一，開門見山地自報家門，比如公司名稱和我的名字；第二，介紹產品；第三，詢問他是否有購買產品的興趣。

問：那麼在與客戶面談的時間裡，你覺得應該是你多說話，還是客戶多說話比較好？

答：當然是我多說話好了！因為好不容易才抓住他一次，必須分秒必爭啊！

62▼與客戶交流的正確態度

聽完我的描述，那位大哥笑得都快岔氣了。在連著喝了兩杯熱茶之後，他才收住了笑聲。經過一番教育，我才明白，原來要想進行一場成功的初次客戶拜訪，以及在拜訪中準確地掌握客戶的核心需求，就必須要牢牢記住以下這些要素：

一是做好角色定位：讓客戶成為主角，始終讓他當導師和演講者，而你只做一名學生和聽眾，千萬不要和客戶搶話。二是做足前期的準備：絕不能打無準備之仗！拜訪客戶其實只是冰山的一角，你需要在水下做大量的基礎工作，比如蒐集有關本公司及業界的知識、本公司及競爭公司的產品知識、有關本次客戶的相關資訊、本公司的銷售方針、相關的知識、豐富的話題、名片、電話號碼等。

三是設計拜訪流程——這就是所謂的「六步快速破冰法」了：

1. 打招呼：在客戶未開口前，以親切的音調向客戶問候，如：「李總，早安！」

2. 自我介紹：說清楚公司名稱及自己姓名並將名片雙手遞上，在與客戶交換名片後，對客戶抽空見自己表達謝意，比如：「這是我的名片，謝謝您能抽出時間讓我見到您！」

3. 破冰：用一些有趣的話題、有相關聯性的話題進行開場，拉近彼此之間的距離，緩和客戶對陌生人來訪的緊張情緒。比如透過側面的推敲，知道這位客戶是位足球迷，碰巧現在世界盃戰況激烈，那麼你可以這樣說：「張總，昨晚的球賽您看了嗎？英格蘭踢得真是太棒了，我知道您也是位足球迷，本次世界盃您看好哪支球隊啊？這麼巧，我也是法國隊的死忠粉絲啊，我看我們別談生意了，直接聊足球吧。」

4. 進入主題：首先提出議程；然後解釋議程對客戶的價值；接著約定時間；最後詢問客戶是否同意。比如你可以這麼做：「魏總，今天我是專門來向您瞭解你們公司對××產品的一些需求情況，透過明確瞭解你們的計畫和需求，我可以為你們提供更完善的服務。我們談的時間大約只需要五分鐘，您看可以嗎？」

六步快速破冰法
01 打招呼
02 自我介紹
03 破冰
04 進入主題
05 巧妙運用詢問術讓客戶多說
05 離開時，約定下次拜訪內容和時間

▲ 與客戶快速破冰的步驟

5. 巧妙運用詢問術，引導客戶多講。這裡面有幾個技巧：

技巧一：學會問漏斗似的問話，即先問大的問題，然後把範圍逐步縮小，進行有針對性的深度探尋。記住，要帶著目的去問，這可不是隨便聊天，目的是要搞清楚客戶內心的真實想法和需求。

比如這時候你可以這麼問：「趙經理，您能不能介紹一下貴公司今年總體的商品銷售趨勢和情況？」「貴公司在哪些方面有重點需求？」「貴公司對××產品的需求情況，您能介紹一下嗎？」

技巧二：綜合擴大詢問法和限定詢問法。擴大詢問法就是讓客戶自由發揮，讓他多說，從而讓我們知道更多關於客戶的資訊；而限定詢問法則是透過我們刻意的引導，讓客戶始終不遠離會談的主題，限定客戶回答問題的方向。但是在這個環節有一點要千萬注意，絕不能把話題聊到對方可以不回答的情況！舉個例子，「張總，貴公司的產品需求計畫是如何報關審查的呢？」這就是一個擴大式的詢問法。而如果你這麼問，那就是典型的限定式詢問法：「王經理，像我們提交的這些供貨計畫，是需要您的審核批准後才能在下面的部門去進行嗎？」這兩種問法都沒問題。那什麼叫「自殺式」的問法呢？就是像這種的：「李經理，所以說你們只會考慮國外的產品，國內的就一定沒機會了是嗎？」這樣的問題最好別問，你不能自問自答，這是在做對話的終結者。

技巧三：對客戶談到的要點進行總結並確認。會談時雖然是客戶在講，但是你的腦子一刻都不能停！此時你必須根據會談過程中記下的重點，對客戶所談到的內容進行簡單總結，確保清楚且完整，還要和客戶進行確認。你可以這麼說：「李總，今天我跟你約定的時間已經用完了，很高興從您這裡得到了這麼多寶貴的資訊，還有您這麼有建設性的意見和看法，真的很感謝您！您今天所談到的內容一是關於……二是關於……三是關於……我的理解和總結這樣對嗎？」

6.

離開時，約定下次拜訪的內容和時間。在結束初次拜訪時，你應該再次確認本次來訪的主要目的是否有達到，然後向客戶敘述下次拜訪的目的、約定下次拜訪的時間。你可以這麼講：「李總，今天很感謝您用這麼久的時間給我提供了這麼多寶貴的資訊，根據您今天所談到的內容，我會回去好好地做一個供貨計畫方案，然後再來向您彙報，下週二上午方便我將方案帶過來讓您審閱嗎？週二不行，那您看什麼時間合適？好，那就週三上午十點，謝謝，再見。」

63 ▼摸清客戶需求，給出最合適的解決方案

本章的第二個知識點是關於如何讀懂不同客戶的心理訴求，並投其所好。其實，我們在前文介紹「六步快速破冰法」時，就已經提到了不少竅門，比如透過問漏斗式的提問，運用擴大詢問法、限定詢問法引導客戶說出他們的真實想法等。除了這些方法以外，其實還有一些其他的辦法也同樣很有效果，我想再做些補充。

完美的破冰式拜訪之後，還需要繼續跟進客戶，因為訂單還沒拿到手！那麼在第二次拜訪中，我們應該注意些什麼，才能真正搞懂客戶的心理訴求，然後投其所好，給出最適合他們的解決方案，從而最終拿下訂單呢？我覺得以下幾點是關鍵：

1. 找出雙方的角色定位。這個時候你的角色就從傾聽者變成了一名專家型方案的提供者或問題解決者了；與此同時，你的客戶也從導師和演講者變成了一位不斷挑刺但最終不斷認同的業界權威。因為在第一次拜訪中你問的那些聰明的問題，你

已經對客戶的需求、喜好、想法有了初步的瞭解，而且也已經拿出了提案，那麼這個時候你就可以也應該掌握談話的主動權。但是要把握好分寸，因為最終的拍板者不是你，而是客戶。所以在整個對話中，你仍然要集中精力傾聽對方的回饋，不斷迎合客戶的需求，投其所好，並最終和他達成共識，簽下訂單。

比如這時候你可以這麼開場，來打開客戶的話匣子：「王經理，上次您談到在訂購××產品時碰到幾個問題，分別是……這次我們根據您所談到的問題專門做了一套計畫和方案，這套計畫對貴公司最大的好處是……當然，在這方面您是專家，讓我先花十分鐘時間給您做個彙報，然後請您給我們一些回饋，您看可以嗎？」

2. 在對話中學會使用ＦＦＡＢ法則，與客戶進行順暢、沒有縫隙的溝通，這樣才能最終找出令雙方都能接受的方案。ＦＦＡＢ其實就是四個英文單詞的縮寫：

Feature（Ｆ）：產品或解決方法的特點。

Function（Ｆ）：產品或者解決方案的功能。

Advantage（Ａ）：這些功能的優點。

Benefits（Ｂ）：這些優點給客戶帶來的好處和利益。

在和客戶進行 FFAB 式的對話時，你一定要用客戶聽得懂的語言去簡潔地說明產品的特點及功能，千萬不要使用複雜的專業詞彙。同時一定要始終圍繞著客戶的利益來做交流。千萬要記住，客戶之所以給你時間，耐著性子聽你講話，絕不是因為他對你的產品和服務感興趣，而是因為你所提供的產品和服務能給他們帶來利益，這就跟我之前說的和老闆聊天的祕笈是一樣的：人們之所以願意聽你講話，都是為了他們自身的利益。

這裡有兩個小訣竅：一個是巧用「加減乘除法」，另一個叫「察言觀色法」。先說說什麼叫「加減乘除法」：當溝通中客戶產生以下這些回饋時，請學會運用不同的招式來一一化解：

1. 當客戶提出異議時，要運用減法求同存異；

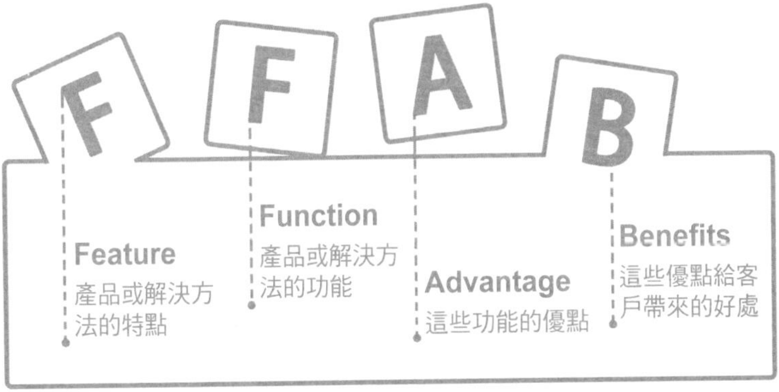

▲ 利用 FFAB 法則，與客戶溝通無障礙

2. 當在客戶面前做總結時，要運用加法，將客戶未完全認可的內容附加進去；

3. 當客戶殺價時，要運用除法，強調留給客戶的產品單位利潤。

4. 當行銷人員自己做成本分析時，要用乘法，算算留給自己的餘地有多大。

與此同時，你還要留心一些細節，這就是「察言觀色法」，比如觀察客戶的臉部表情：頻頻點頭、定神凝視、不尋常的改變。

客戶的肢體語言：探身往前、由封閉式的坐姿轉為開放、記筆記；

客戶的語氣言辭：這個主意不壞等。

如果這些話和肢體語言開始頻繁地出現，那我就要恭喜你了，因為戲唱到這裡，估計拿下眼前的這個客戶已經問題不大了！

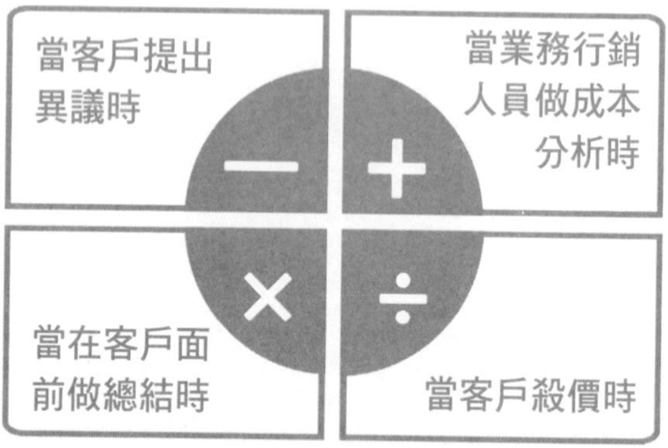

▲ 與客戶關係的加減乘除法

✔兩點讓你秒懂客戶

作為一名業務人員，如果你想秒懂客戶內心需求，與之快速建立信任，那麼以下兩點就必須牢牢掌握：

第一，與客戶初次見面時，學會運用「六步快速破冰法」。記住：在實施六步法之前，還要明白雙方的角色定位——讓客戶多說話，自己多傾聽；同時做足準備工作；然後才是從打招呼到自我介紹、破冰、進入主題、問問題，最後進行收尾的整個流程。

第二，讀懂不同客戶的心理訴求，投其所好。靈活掌握FFAB法則，與客戶透過無縫的溝通達成共識，最終簽下訂單。

第 16 章

把潛在客戶變成忠實客戶的兩種策略

成功地與新客戶建立關係，這其實只是建立客情關係的基礎，接下來還有更重要的工作在等著我們，那就是如何把潛在客戶變成你的忠實使用者。要想做到這一步，需要做好下面三點：

1. 讓客戶喜歡聽你說；
2. 將你的客戶變成使用者；
3. 從需求出發，建立良好穩固的信任關係。

▲ 讓客戶變忠實用戶的三要點

64 ▼「讀心」有術：客戶心甘情願聽你聊

我們先來聊聊第一點：怎樣才能讓客戶心甘情願地聽你聊，並最終和你達成共識，做成買賣。我先介紹兩種極其有效的銷售策略：「推」和「拉」的銷售技巧。

所謂的「推」，就是你說他聽，以業務人員為主導，用極具技巧的方法說服客戶，成功地賣出想賣的東西。

那麼什麼是「拉」呢？就是以客戶為中心，透過一套高超的組合拳，讓客戶發自內心地覺得，這是他需要的產品能為他創造價值的解決方案，於是痛快地掏錢買單。

舉個例子，在一個冬日的午後，太陽公公和風伯伯閒著無聊在鬥嘴，兩個人都覺得自己最厲害，結果誰也說服不了誰。怎麼辦？正巧這時候有位農民大爺在河邊趕路，於是兩個人就打賭：誰能讓這位老大爺在最短的時間內把棉襖脫了，那就證明誰更厲害！一定好規矩，風伯伯就迫不及待地跳了出來。只見他鼓起腮幫子用力一吹，剎那間飛沙走石，冷風刺骨，凍得那位老大爺緊緊拉著棉襖的兩個角，死活不鬆手：因為太冷了。

風伯伯一看，怎麼不行呢？於是加大了力氣繼續吹，可沒想到的是，風越吹，那位老大爺把自己的棉襖裹得越緊，別說脫了，他恨不得整個人都鑽到棉襖裡去取暖。最後風伯伯筋疲力盡，只好敗下陣來。

然後太陽公公出馬了，只見他懶洋洋的掛在天上，什麼都沒做，就是使勁地把熱騰騰的陽光灑向了大地。不一會兒，那位老大爺就熱得滿身是汗，於是他就忙不迭地把棉襖給脫下來了。太陽公公贏了，成了全宇宙最厲害的角色。

聽完了故事，你應該就能知道什麼叫「拉」和「推」了，風伯伯就是用推的手法，而太陽公公卻是用拉的手法：推就是為了達到自己的目的，滿足自己的利益，拚命地把自己的意願、自己的產品、自己的建議推銷給客戶，逼迫客戶去接受它；而拉則是像太陽公公那樣，雖然也有自己的目的，但是不逼迫對方，讓對方心甘情願地那麼去做，因為這是對方自己想要的結果。

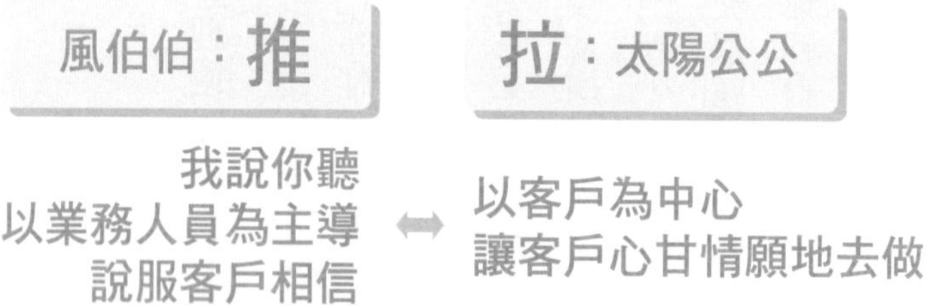

▲ 客戶需求至上，讓他自己送上門

65▼多「拉」少「推」，讓客戶自己上門

從心理學的角度來講，推銷就是一場客戶和業務人員之間的心理博弈，為了讓客戶掏錢買你的產品，你必須瞭解客戶的心理。而瞭解客戶心理最好的方法，就是換位思考。換句話說，不要僅僅把自己當作一名推銷人員，而更應該把自己當作一名客戶。

這個道理並不複雜，可是許多業務就是做不到。為什麼呢？因為他們不懂與客戶聊天的目的和價值是什麼。他們總覺得好不容易抓住客戶了，就一定要好好地向客戶介紹一下自己的公司，完整地描述自己的產品，分享無比有力度的促銷活動。於是恨不得每秒鐘說八百個字，不然就浪費機會了。這是一個極其愚蠢的想法，但遺憾的是，我們身邊存在著大量這樣的人。就像我們常常遇到的電話推銷人員：「大哥，我可以佔用你兩分鐘時間嗎？你不用說話，聽我說就好，我們公司是全球最最領先……生產最厲害的……現在正在推出無比優惠的讓利活動……」對方語速越來越快，但你常常沒有聽完就掛斷電話。

因此，從今往後，在和客戶聊天時，請隨時提醒自己做到以下幾點：

1. 說客戶想聽的、想說的，而不是你想講的。沒有人會為了你的理由去浪費時間，除非他發現這個東西對他有價值、有好處。
2. 一定要真誠，不要抱著強烈、明顯的推銷意識去與顧客溝通，不要讓客戶有被強迫的感覺。
3. 欲速則不達。有時傾聽比傾訴更有效果，讓客戶做對話的主角，你來負責引導和總結，這樣才能讓客戶感覺這是一場「我們」的對話，不是你一個人的對話。

66 ▼忠言也需要順耳

讓客戶喜歡聽你聊天，這只是與客戶互動的基礎，接下來你還有更重要的工作去做，那就是怎樣把客戶變成使用者，以及如何從需求出發與之建立穩固的信任關係，這兩者之間存在著緊密的相關性，所以我把它們放在一起來講解。

我從傳統行業跳到網路公司之後，領悟到客戶與使用者是不同的。交易關係中，買賣雙方一手交錢，一手交貨，錢貨兩清之後，大家各自回家，在這其中，買方只能稱為客戶。那麼用戶呢？交易關係中，購買產品後，買賣雙方的關係才剛剛開始，業務人員或者這家公司並不是靠一次買賣來賺錢的，而是靠後續的服務和信任關係來賺錢的，在這其中買方可以被稱為用戶，只要用戶不退出，那麼賣方就可以在整個生命週期裡，透過不斷地給使用者提供產品和服務來賺錢。因為用戶信任賣方！

舉例來說，假設你是個賣廚房用品的業務，找到了一個潛在的消費者，正要上門推銷你的產品，那麼把消費者只當作客戶的推銷，他會這麼做：「你好，我是××公司的業務，現在我們公司正在進行一個無比優惠的活動，只要你買兩個四人用的大鍋子再加上一組盤子，就能得到一百元紅利回饋，還能參加抽獎、獲得明星簽名，還能……」

「對不起，我們家只有兩個人，而且房子還沒裝修好，目前還不需要……」

「沒關係，你可以先買！再說這個促銷活動百年一遇，最後截止日期就是今天，過了這個村可就再沒這個店了！」

「但是你推薦的這個不太適合我們家啊……」

「不要緊！現在不能用不代表以後不能用！或者買下來送給朋友也好啊！我們這個產品是全球領先科技，技術絕對先進，我們……」

「你煩不煩啊？快走開！」

那如果我們把這位潛在消費者當作用戶，又會是怎樣的一種場景呢？

「你好，我是××公司的業務，您的新家裝修得真漂亮！搬進來多久了？」

「剛剛兩個星期。有什麼事嗎？」

「哦，我們公司主要是生產和販賣廚房用品的，想看看您的新家是不是有需要。」

「嗯，我好像暫時不需要吧……」

「那沒有關係，我只是看到您家剛剛裝修，心想或許我能給您些廚房設備的建議……」

「那你等一下，我碰巧想把家裡所有的碗盤全部換掉，你有什麼產品嗎？」

「哦，碗盤對嗎？我們確實有不少選擇，但不知道哪種對您最合適，不如您告訴我一下家裡幾個人，有什麼喜好，平時的飲食習慣，平常炒菜多還是燉湯多？我知道了，所以跟您確認一下：您家的需求是這樣的……對嗎？我懂了。根據您的需求，我建議您先買這幾種產品……」

「我從朋友那聽說有種燉湯的機器叫 ×××，好像蠻不錯的，你們有賣嗎？」

「您的眼光真不錯，我們確實有賣這款產品，但是我剛才並沒有向您推薦，因為根據您的需求，這個產品可能目前您並不需要，這個產品最適合嬰幼兒使用，所以您目前還用不上。您瞭解了嗎？我可不想讓您白花錢，等以後你們有了小寶寶了，可以再聯繫我購買，不急啊。」

「嗯，你這個人真誠實，好，你推薦的這些我都買了！對了，加個通訊軟體，以防今後我還想買其他的東西，還有我有個朋友剛好要重新裝修廚房了，我請他去找你啊！記得給個優惠價啊！」

67 ▼信任感能帶來忠實度

我前面說過，我曾經在亞馬遜公司擔任過一個有趣的職位，叫作使用者經驗管理員，這份工作讓我有機會接觸到亞馬遜大量、與使用者體驗相關的思維模式、方法和先進的工具。亞馬遜的一些貌似古怪的做法，其實全部都是最有效的，是與用戶建立最佳信任關係的好辦法，比如：提醒重複購買的功能：我去年在亞馬遜買了一本書，可是看過之後就忘記了，今天上網閒逛，又發現了這本書，以為自己沒買過，於是就下了單。當我在付款時，系統卻自動跳出了一個對話方塊，提醒我：親愛的Peter哥，這本書你已經於×年×月×日買過了，請問你真的還想再買嗎？我們怕你花了冤枉錢。

如何對待用戶評論：哪怕是負評，也要原封不動地留在產品頁面，不灌水、不刪留言、不改排名，就算有人看後因此取消訂單，也在所不惜！

公司如此，作為業務人員，我們也應該具有同樣的思維模式和行為習慣：永遠把花錢買我們產品或者服務的人當作使用者，而不是單筆交易的客戶。永遠聚焦在他們的實際需求，透過提供最佳的、能夠滿足他們需求的解決方案，來為用戶創造價值和利益。只有這樣做，才能像上述中的第二位業務那樣，成為用戶心中值得信任的人。

最後，我想分享一下亞馬遜的創始人傑夫．貝佐斯說過的一句話，因為這句話完美地解釋了與用戶建立信任關係的祕笈：「我們從不靠賣東西賺錢，我們靠給用戶提供好的和不好的資訊，讓他們做出一個正確的購買決定而賺錢。」為什麼不靠賣東西也能賺錢？因為亞馬遜把每個消費者都當成使用者，而不是客戶，所以不會太在乎眼前的交易能否完成。亞馬遜更在意的是，消費者有沒有把它當作一個最值得信賴的合作夥伴。如果每一個消費者都能把你當作值得信任的生意夥伴，那麼就算眼前的這筆生意沒有成功，那又有什麼損失呢？相信我，用戶稍後一定還會再來找你的，因為他的需求是長期的，因為他相信你不會騙他，所以他會持續不斷地找你，而且還會為你的誠信背書，將你推薦給他的朋友、同事、商業夥伴，為你創造更大、更久的利益。

✔讓客戶變成你的忠實使用者

要想把潛在客戶變成你的忠實使用者，這三個要點就是關鍵所在：

第一，學會讓客戶喜歡聽你說。記住「推」和「拉」的推銷方法的不同，永遠站在消費者的角度考慮問題，這樣你才有可能成為客戶喜歡與之交流的人。

第二，將你的客戶變成使用者。如果你希望消費者終生都能夠成為你的忠實粉絲，那麼就千萬別把他們當作單筆交易的客戶，多聚焦在使用者的利益，而不是自己的眼前好處。

第三，從需求出發，與客戶建立良好穩固的信任關係。請記住亞馬遜的那些古怪的做法，因為建立長久的信任關係可比現在多賣出幾個產品對你自己更有益。

第 17 章

千萬不能犯！損壞客戶關係的三個致命傷

上一章講到要想讓消費者乖乖地跑到你的「碗」裡來，那就必須學會用推拉式的推銷技巧讓客戶喜歡聽你聊天，同時要在心裡把他們當使用者而非客戶，始終做到從需求出發，這樣才能與他們建立良好穩固的信任關係。但在職場中，還普遍存在著三種極不可靠的販售行為，毫不諱言，這些行為真的就像是致命傷一樣在損害著你和客戶之間的關係。到底是哪三種呢？就是「近視眼」「朝天鼻」和「撒謊精」。那麼這三種致命傷的具體表現和危害，還有治療的方法是什麼呢？

首先，我們來做個自己的糾察隊：損害客戶關係的三個硬傷，你都犯過嗎？

其次，對症下藥，在治病的同時，讓自己與客戶成為朋友。

損害客戶關係的三種致命傷
近視眼
1. 把主要經歷放在建立信任關係而非打造買賣關係上；2. 得失都是相對的，魚與熊掌不能兼得
撒謊精
1. 學會聆聽，客戶多講你多聽；2. 和客戶在解決方案上達成共識
朝天鼻
與客戶誠信交往

68▼「近視眼」：只在意自己的利益

先說第一種：「近視眼」。

這一類業務人員最突出的表現就是目光短淺：有錢賺就上，沒錢賺就躲。打一槍換一個地方，騙一個算一個，能騙多少算多少。這種推銷行為，多發生在剛出道的業務身上，但是這種推銷心理，卻廣泛存在于各界推銷代表的思維方式中。前文中提到的被轟出家門的第一個推銷人員，就是因為太短視了，總盯著眼前的訂單，恨不得把手直接伸進客戶的口袋裡去掏錢，根本不顧這個產品是否是客戶需要的，是否是對他有價值的，只一味地想要硬塞給人家。其實客戶一點都不傻，就算被騙，也就一次，一旦客戶發現你根本就不在乎他的利益和需求，你根本就不值得他信任，那麼立刻就會「用腳投票」，把你趕出他的家門。

要想改變這種壞習慣，有以下幾種方法：

1. 把主要精力放在建立信任關係，而非打造買賣關係上。還記得客戶和使用者的最大區別嗎？前者重視買賣和交易的完成，而後者關心如何與消費者建立信任，樹立自己的良好口碑，從而在用戶的整個生命週期都能賺他的錢——因為用戶相信你，所以相信你說的話、你給的建議，以及你賣的產品。

2. 得失都是相對的，魚與熊掌不能兼得。作為一個好的業務，你必須聰明地理解「得與失」，有時候你越想得到，越無法達到好效果。比如那種令客戶感到非常不舒服的壓迫式推銷法，雖然最後你可能真的成功地賣出了產品，卻讓自己成了客情關係的終結者，其實是非常得不償失的。

69▼「朝天鼻」：自視甚高，只說不聽

損傷客戶關係的第二個致命傷叫作「朝天鼻」。什麼意思呢？就是這一類人，總仗著自己既有的專業知識或者行業經驗，自視甚高，根本聽不進去客戶的意見，老是喜歡自以為是地指手畫腳，動不動就以專家自居，非常讓人討厭。比如前一段時間，我家要裝修房子，就找了位設計師，原本以為這樣會省事，可沒想到反而更給人增加麻煩，為什麼呢？因為這傢伙壓根就不願意聽客戶的意見！

我：李總監，我們家一共三口人，我們覺得這個房子的裝修……

李：（打斷我）嗯，我昨天已經看了你們的房間格局圖，這種戶型我非常有經驗！目前已經裝修過一百多家了，我看就用現在最流行的歐美宮廷豪華風吧，到時候幫你們設計個法國式的客廳吊頂、義大利式的走廊、英國風的臥室。

我：等等，我們不太喜歡那種調調，希望風格簡單一點，能有我們自己的……

李：簡單是吧，可以啊，那就走簡約日式，以和式風格打底，再配上榻榻米、草席實木地板……放心吧，我有經驗！你們這棟樓的一〇〇二房就是我裝修的日系風，沒問題！就這麼定了。

我：什麼是「日式風格」？李總監，其實我們的意思是風格要簡單點，但是有些特殊的功能還是要有的，比如書房、儲藏間。

李：你們這種想法是不對的！從專業的角度來講，龍骨是不能改動的，你們之後的裝修是採清包模式、半包模式，還是全包啊？玄關要怎麼處理？

我最後忍無可忍，大叫：停停停！老闆，趕快給我換人！找個長耳朵、能說話的來！客戶之所以找你來，就是看中了你的專業身分，因為你掌握著他們所沒有的知識、資訊和能力，所以利用你和客戶這種不對稱的資訊去獲利，這本身並沒有問題。但是你也別忘了，最終掏錢的人是客戶，不是你！所以，如果你不能把自己的專長和客戶的需求進行有效結合，你是不可能讓客戶心甘情願地買單的。

那麼正確的做法應該是怎樣的呢？首先一定要學會聆聽，一定要記住這句話：「當你在說話時，你是學不到東西的，因為每個人說出來的都是自己已經知道的東西。只有當你閉上嘴，打開耳朵聆聽時，才有可能學到原來不懂的東西。」所以要想真正服務好客戶，先要讓客戶多講，你多聽。

接著要做的是促成共識：你掌握再多的專業知識、再豐富的經驗，也必須和客戶的需求掛鉤，因為客戶最終願意為之買單的，是你能為他帶來的價值。而這個價值並不是從你的角度來看的，它需要從客戶的角度來判斷。所以聆聽客戶的要求之後，你要把它與你的專業知識相融合，然後用客戶聽得懂的語言，站在客戶的立場給出專業化的建議，並最終和客戶在解決方案上達成共識。記住，如果你不能為他創造價值，客戶沒興趣為你的專業背景付錢！

70▼「撒謊精」：為了推銷，騙取信任

損傷客情關係的第三種致命傷叫作「撒謊精」：為了證明自己的正確，為了讓客戶接受自己的產品，有些業務會在信用上玩些職場黑科技，比如合夥來演戲，騙取客戶的信任，從而讓客戶信以為真，並掏錢買單。這一招在電話推銷公司或者專門處理客戶投訴的客服部門經常會見到。比如下面這三種不用心的業務（A、B、C），為了用所謂的「超級優惠價」促使一位客戶下單，合夥來演了一齣好戲去騙客戶，最後差一點穿幫了。為了增加真實的觀影效果，在此我用電影劇本的形式將他們的對話予以呈現。

業務A：大哥，趕快下單吧！我現在給你的絕對是史上最低價了，這可是我費了勁才從我們經理那邊拿到的優惠，為了這件事我還被經理臭罵了一頓呢！什麼，您不信？那您等一下，我現在就去經理的辦公室讓他跟你說。（把話筒按住交給B，兩個人擠眉弄眼一番做交代狀，然後B開始說話）

業務B：張先生您好，沒錯，我就是李經理。對，我剛才正在教育這位業務，怎麼可以違反公司規定給客戶這麼低的價格呢？如果大家都這麼做，公司其他的業務靠什麼吃飯，您說是嗎？不過話又說回來，對於像您這麼重要的客戶做些特殊的優惠我看也無可厚非。這樣吧，看在您是真心想買的份上，我馬上讓總監出來和您聊聊，看看能不能再給您打個折。您稍等（把話筒按住交給C，兩個人擠眉弄眼一番做交代狀，然後C開始說話。）

業務C：張先生您好，我是張總監。這可真讓我為難，照理說我不應該違反公司的規定為您做個案處理，但是……那不然這樣吧，看在您是真心想買的份上，我馬上讓總經理出來和你聊聊，看看能不能再給您打個折，您稍等（把話筒按住交給B，兩個人擠眉弄眼一番做交代狀，然後B開始說話。）

業務B：張先生您好，我就是王總。對，剛才那幾個人都是我的下屬，這些同仁真是膽大包天，居然不經過我的批准就敢出這麼低的價格，等一下我會好好教育一下他們的！哈哈哈，開個玩笑……什麼，您說我和剛才的那個李經理說話聲音很像？巧合，因為我們是老鄉啊，哈哈哈！什麼？您覺得我們就是同一個人？怎麼可能呢？我們這麼有信用的公司怎麼可能說謊騙人呢？您還是不信啊？那好吧，我馬上叫我們的董事長出來和您談話，您稍等（把C拉過來擠眉弄眼一番做交代狀，然後C開始說話。）

業務C：張先生您好，我是錢董事長……

但是為了圓一個謊言，最後必須再編造更多的謊言去欺騙客戶，這是何必呢？其實推銷是一種長期的心理戰，需要一種長效的、牢固的關係做支撐，靠一時的愚弄和欺騙確實能拿到眼前的訂單，但這種短暫的成功是以犧牲長久的信任作為代價，所以真的得不償失，我勸你還是不要去冒險嘗試了。

71▼六點小提示，幫你建立真正的客戶關係

那這時你可能要問了：其實我也不想搞這些簡單粗暴的黑科技，比如撒謊、只在意眼前利益，可是業務指標的壓力這麼大，該怎麼讓自己在公司中生存下去呢？其實道理很簡單：讓客戶和你成為朋友，只有這種牢固的關係才是支持你最終達成業績的根本保證！那怎麼才能讓客戶心甘情願和自己交朋友？以下這些建議就是不錯的方法。

▲ 掌握六點，讓客戶變成朋友

1. 對待客戶要坦誠和信任

既然是朋友，那麼信任就是基礎，而坦誠就是來往的必要因素。如果你對待客戶做不到這兩點，那麼誰都不放心跟你來往、成為你的朋友。所以不管是跟客戶交流還是做生意，都應當坦蕩做人，坦承你的想法，並表達出你對客戶的信任，這樣才容易俘獲客戶的心。

2. 尋找與客戶相同的興趣點

如果兩人都有共同的興趣，那麼話匣子是很容易打開的。有時候，你遇到的客戶說不定會跟你一樣喜歡打球，喜歡下棋或者釣魚，此時，你不妨以這個共同的興趣作為切入點，打破倆人比較陌生的關係，讓彼此儘快熟悉起來，並進一步來往。

3. 關心客戶的家庭，表現你注重親情的一面

一個孝順的人對家人是很關心的。你在和客戶交往的時候，可以多聊一聊對方的家庭，只要不過度涉及個人的隱私，相信客戶是願意和你交流的。如果你還時常問候客戶的家人，會讓客戶覺得你是個人情味很濃的人，從而樂於真心跟你來往。

4. 記住客戶的一些喜好或者特殊的日子

在平日跟客戶來往的過程中，留意客戶的一些喜好，如客戶喜歡什麼菜色，比較討厭什麼人，他的生日是哪天等。瞭解到這些資訊後你要善加利用，在未來的接觸中注意運用這些資訊來打動客戶，這也是很好用的一個招數。

5. 適當給客戶送點小禮物

這不是讓你去賄賂客戶，而是維繫朋友間的正常往來，比如你出差時可以為客戶帶點出差地的名產；或者在一些特別的日子可以邀請客戶到你家做客，把客戶當成朋友來對待，客戶也會樂於和你交朋友。尤其當你態度很真誠友好時，更容易打動客戶。

6. 善於向客戶學習

俗話說，三人行必有我師。客戶作為某個行業的佼佼者，可以教你的東西有很多，所以在很多時候你要虛心向客戶學習，遇到不懂的問題也可以請教他，不要害怕對方會嘲笑你，你可以謙虛地跟對方表示你還是個新手，請他來教導你某方面的專業知識等。一般客戶不會拒絕，而且客戶也有樂於助人的一面。這樣也容易促進你跟客戶的關係，使你們儘快成為朋友。

以上這些方法看起來都不怎麼樣，但是朋友之間，有時候就是這些看似平凡的小事，反而會激發出彼此好感和信任，最終讓你們從買賣關係的雙方變成和諧的朋友。

✔不想損壞與客戶的關係，必懂這兩點

要想不去損壞客戶關係，那麼就必須懂得以下兩個要點：

第一，絕對避開損害客戶關係的三個致命傷：「近視眼」、「朝天鼻」、「撒謊精」，這都是非常典型的破壞客情關係的利器。千萬不要過分注意眼前的小利，而不顧長遠的信任關係；也不能過於迷信自己的「專家」身分而忽略傾聽客戶的需求；此外，必須記住，信用是與客戶交往的基礎，千萬不能因為撒謊而壞了大事。

第二，透過六點提示，讓自己與客戶交上朋友，成為相互信任的合作夥伴。

結語
學會做人，跑贏自己的職場馬拉松

在職場，除了學會做事，更要學會做人，這樣才能跑贏自己的職場馬拉松！

我在職場二十多年，所學到的、領悟到的職業發展的最大祕密就是學會做人，這比會做事更加重要。因為職場不是百米衝刺，它拚的不是技巧和能力，而是你持久的個人口碑和信用度。

向前輩取經的經驗

我有一個來往多年的好朋友，他是一家上市公司的總經理，事業有成，而且在行業中口碑非常好，很會做人：這幾乎成了他的個人職業標籤。記得有一次，我們一群人相約吃飯，有位年輕的小朋友突然好奇地問他：「大哥，您知道嗎？您在我們這些職場新人的眼裡簡直就是人生成功的最佳偶像：大學一畢業進入職場，那麼快就成了職業經理人中的菁英，然後自己出來創業，又把事業做得風生水起，現在還成功上市，您這一路開外掛、直達人生成功彼岸到底是靠祕笈什麼？今天您也分享給我們這些後輩吧！」其實別說這位新人好奇，連我們這些老江湖都對他的成功祕訣挺有興趣，想一探究竟，於是大家都不自覺地靜了下來，豎起耳朵認真地看著我的那位朋友。這一下讓他挺不好意思的，只見他低頭想了一會兒，說了這麼一句話：「其實我也真沒什麼高科技的祕密，如果一定要講，那麼這個可能算是我走到今天最大的領悟吧，那就是要想成功，做人比做事更重要！」

種因得果，別以為做了什麼沒人知道

聽完了這句好像並沒有什麼用的金句，大家覺得這傢伙太虛偽了，於是一同起哄，最後逼得他沒辦法了，只好向我們講述了他自己創業賺到人生第一桶金的真實故事。他大學畢業之後就進入了職場，從儲備幹部做起，一路升到上市公司副總的位置，這中間也曾經換了不少公司；做過基層的小弟，也做過集團高階管理職的不同職位，最後才離開職場自己創業。當他還在職場打拚時，就遇到了一件當時讓他頗為頭疼，但事後卻讓他受益無窮的事情，那就是如何處理動態、多維度的職場關係。

最初的一次感悟是以教訓的形式出現的。在職業生涯早期，他因為個性太好強，又不懂得如何與老闆和同事相處，他的第一份工作做了不到六個月就被老闆以「不符合公司要求」為由開除了。也許是那個老闆做得太過分，再加上這位朋友的個性也很火爆，於是在離職時他和那位公司老闆大吵了一架，雙方鬧得非常不愉快。不僅如此，為了平息心中的怒火，他還將一些公司的機密，包括老闆在平時的推銷中用到的一些不太上得了檯面的手法，用偷偷摸摸的方式一五一十地透露給了他們的經銷商、大客戶還有競爭夥伴，這讓原公司的不少業務受到了打擊，但老闆卻乾著急，不知道是誰做的！他自認為痛痛快快地把前老闆給整了一頓，出了自己心中的一口惡氣。

但報應很快就來了。

經過一番努力，他好不容易在同行業的一家公司中又找到了一份類似的工作，因為做事積極認真，再加上頭腦靈活，他很快就做到了主管的位置，深受老闆的賞識。可惜好景不長，突然，他感到老闆對自己的態度和信任都有了很大的改變。比如老闆經常在他在場的情況下，對著眾人指桑罵槐地大談員工要對公司忠誠，不能做出賣公司的小人，做人要講良心之類的話，這聽得他非常尷尬和納悶。最後由於工作做得實在是鬱悶，他沒等試用期結束就自己提出了離職。

在離開公司的前夜，他單獨請老闆喝了頓酒，吃飯時他帶著醉意不解地問老闆：究竟他做錯了什麼，讓老闆對自己的態度發生了一百八十度的轉彎？因為人都要走了，再加上酒精助攻，老闆也就大大方方地告訴了他實情：「兄弟啊，要想人不知，除非己莫為。你說你在上一家公司人都要走了，何必還要做那麼多詆毀前老闆的無聊事情呢？你以為自己做得很隱蔽，但其實紙是包不住火的，你來我的公司沒多久，我就從你的前老闆、一些供應商和客戶，還有行業裡的一些朋友那邊瞭解到你的所作所為，你說，像你這樣的人我還敢放心大膽地任用嗎？你都不知道，因為用了你，我現在簡直成了大家眼裡的冤大頭，人人都笑我，說我眼光太差，找了個叛徒來，不是我不想幫你，誰叫你這麼不會做人？誰叫你在業界把自己的口碑弄這麼差呢？你今後就好自為之吧。」

在業界要有好口碑，會做人，這些關鍵字就是在那個晚上，第一次出現在我的這位朋友的腦海中。殘酷的教訓讓他終於明白：原來在職場，保證一個人能否成功的，不是會不會賣東西，不是會不會做報告，不是考了多少個證照，有沒有耀眼的學歷，而是會不會做人，有沒有良好的口碑和職業信用度。

職場戶頭的「存錢」與「取錢」

經過這次慘痛的教訓之後，他換了城市、換了行業，準備重新做人。一切重新來過之後，才慢慢地在另一家公司站穩了腳步，開始一步步扎扎實實地發展起了自己的職業生涯。用他自己的話來說：一個人要想取得真正的職業成功，最關鍵的是要懂得以下兩個祕密：

1. 打造口碑和信用度，累積你的個人勢力與才能。

2. 用動態和長遠的眼光看待職場關係。

在職場發展，說到底就是在累積和打造自己的口碑和職業信用度。我們每個人從進入職場的第一天起，就相當於在「職場」這個銀行裡開了戶，而我們每天所做的每一件事，就是在為自己的「信用度」做著「存錢」和「取錢」的動作。什麼是存錢的動作呢？說到做到，做人有擔當，有誠信；具有正確的道德觀；懂得與他人建立有價值、基於信任的職場關係；絕不以損害組織和老闆的利益為前提，讓自己勝出；聚焦長遠的目標，不欺騙客戶，為客戶提供正反兩面的資訊說服他們做出正確的購買決定等。

那什麼是取錢的動作呢？只在意自己的利益而不惜犧牲合作夥伴的利益；有了績效就出頭，捅了婁子就讓下屬承擔責任；說話沒誠信，和客戶合作只求自己單贏，而不顧對方的利益等。

所謂良好的信用度，就是平時多做存錢的動作，少做取錢的動作，這樣你才能在職場中累積正面、良性的口碑，大家才願意相信你、追隨你、幫助你，給你機會和資源，支持你發展。但你若總是做取錢的動作，那麼一旦這張「信用卡」刷爆了，今後就再也沒有成功的可能了，因為職場太小了，轉來轉去到處都是認識的人，你的所作所為是根本瞞不住別人，尤其在當今這樣一個資訊發達的時代，要想不被職場拋棄，那就必須老老實實地學會做人，懂得經營自己的口碑和信用度。

用長遠眼光看職場，維持人際關係

「嗯，我懂了！看來如果違反了這些職場規律，那後果真的很嚴重啊！」聽了這位職場前輩的一串故事，那位問問題的年輕人嚇得直伸舌頭。可是低頭一想，他又覺得挺不過癮：因為只是講了失敗的案例，至於他最終是怎麼成功的，還是沒有提到。於是這個小朋友又不甘心地問道：「大哥，那你經歷了這些挫折之後，又是如何一路開外掛，直達成功彼岸的呢？」

成功的雞湯雖然聽起來過癮，但成功背後的失敗和教訓才是職場上最好的老師。接下來所發生的事情，就包括他是如何成功地拿到創業之後的第一筆大訂單。

他說：「這個大訂單，來自一個與我關係十分複雜的人，他最早是我的老闆，後來成了我的同輩，然後兩個人相忘於江湖，大概有七八年沒有職場上的交集，但最後卻變成了我最大的金主，可以說是我和他幾乎扮演了所有的職場關係：老闆、同事、客戶甚至下屬。但無論我和他之間的職場角色如何改變，我們兩個人之間的那種牢固的信任關係卻始終都在。這就是因為我牢牢地記住了年輕時的教訓：要用動態和長遠的眼光看待職場關係。」

所以無論你現在是在公司組織架構表中的哪個位置，請你相信：這可能並不是你的終極職業職稱。因此在這個職位上下左右的人，以及你和他們之間的關係，也就不可能是終身不變的。換句話說，你現在的老闆，可能明天會變成你的客戶；你今天的下屬，可能在下一家公司會成為你的老闆，或者決定你業績的大客戶。這就是為何千萬不要去做那些自掘墳墓的事情，因為山水有相逢，誰都有路走窄了的時候，如果你只看著眼前的關係而不為以後著想，那麼，你就離失敗不遠了。當然，如果你能明白這個道理，而且能真正做到，那好處也是非常明顯：比如我這位成功的朋友。

他接著說道：「當我剛剛加入那家公司時，他是我的第一任老闆，我非常尊重和佩服他，從他的身上也學到了好多東西，大家的合作還是很愉快的。兩年之後，因為我的業績突出，再加上我的年齡和學歷都比我的老闆有優勢，於是公司就把我提拔到了更高的位置，這樣一來我就成了前老闆的同層級同事，甚至在某些跨部門合作的專案上，我還成了他的專案主管。因為職場關係的改變，此時我們之間的相處就顯得有些尷尬。但這一次我已經學聰明了，因為我發自內心地明白：此時我們倆的相互關係在未來的某一天，一定還會發生改變，因此現在我絕不能因為職位的調整而讓自己有志得意滿之態，應該一如既往地尊重他、支持他，用正確的職場關係處理方法與他進行合作。當然，我並不是說要一味地迎合他、討好他，而是做到客觀公正，繼續和他保持一種相互信任的牢固關係。」

「果然，又過了幾年，出於個人發展的考量，我離職去了其他城市。在這之後的七八年，我們在職場中就沒有任何交集了，但我們之間的聯繫反而變得更加緊密，平時經常打打電話，只要去對方的城市出差就會相約吃個飯、見見面、聊聊天，逢年過節也都會寄個小禮物問候一下對方的家人。此時我們之間的關係好像有了更高的定義：從職場關係昇華到了朋友關係，而且比以前少了幾分功利，多了一些真誠，這種感覺真的挺不錯。」朋友接著講他的創業故事：「等到我們的關係再次回歸職場，已經是我創業之後了。當時我的公司剛剛起步，面臨著巨大的生存壓力，如果再不能接到持續性的訂單，那麼很有可能會倒閉關門。那一段時間我真的是茶飯不思、心力交瘁。有一天，碰巧他打電話給我，他當時已經做到我原先那家公司的副總。通話中我低落的情緒可能被他察覺到了，於是他就問我自己創業的情況。這一下讓我打開了話匣子，一股腦地吐苦水。沒想到我剛講完他就埋怨起了我：『為什麼你不早點告訴我呢？其實你們製造的產品我現在的公司就在用，而且我在這個行業這麼久了，有不少非常要好的朋友同事，其實都可以幫你引薦，趕快讓你的業務把資料整理好給我，我來幫你們牽線搭橋。』」

做人大於做事，才能真正成功

事後因為前老闆的引薦，其實更關鍵的是，他用自己的個人職場信用度來幫我朋友的公司背書，讓我朋友的這家在行業裡還沒有任何知名度和背景的公司，很快打通了市場，最起碼給了他們一個展現自己產品的機會。當然我那朋友自己也很爭氣，後來透過一系列的努力在市場上站穩了腳，並越做越大，直到成功上市。

「哦，我懂了！看來和別人保持長久、良好的職場關係，真的很重要。但是我還有個問題，為什麼你的前老闆在根本不瞭解你產品的情況下，就敢為你背書，用他的職場資源為你推銷呢？」那個小朋友還是略帶疑惑地問道。

「這個簡單啊，因為他相信我這個人，他相信我的人品、口碑和職場信用度。因為所有的這一切，都是我倆在過去十幾年的交往中被反覆證明過的：當我在做他的下屬時，我從未做過透過傷害老闆和組織的利益，而讓自己成功的『聰明事』。當我成為他的合作夥伴時，我從來都是公平公正，在保證大家都受益的同時，讓自己的組織也能得到好處。當我做他的專案主管時，有了成績我絕不獨佔，出了事情也從不推卸責任，做事有始有終有擔當。」

正是有了這一次次的經歷，他們之間才最終建立起了一種相互信任的關係，在職場中，要想依靠關係推動自己的職業生涯發展，那麼靠的就是這種三百六十度的、動態的，而且可以跨越時間考驗的牢固關係。

俗話說得好：知易行難。希望你能牢牢地記住我分享的這些思維方式、工具、流程和實用的提醒，並且在今後的工作中積極認真地去實踐它們，這樣才能真正處理好職場關係，讓自己的職業生涯一路開外掛，直達人生的頂峰！

翻轉學 翻轉學系列 022

專注做事、精簡做人的極簡工作法

聚焦四種職場關係，做關鍵重要的事，不拖泥帶水，過快意人生

作　　者　張思宏（Peter 哥）
總 編 輯　何玉美
主　　編　林俊安
責任編輯　鄒人郁
封面設計　張天薪
內文排版　黃雅芬

出版發行　采實文化事業股份有限公司
行銷企劃　陳佩宜・黃于庭・馮羿勳・蔡雨庭
業務發行　張世明・林踏欣・林坤蓉・王貞玉
國際版權　王俐雯・林冠妤
印務採購　曾玉霞
會計行政　王雅蕙・李韶婉
法律顧問　第一國際法律事務所　余淑杏律師
電子信箱　acme@acmebook.com.tw
采實官網　www.acmebook.com.tw
采實臉書　www.facebook.com/acmebook01

I S B N　978-986-507-050-2
定　　價　350 元
初版一刷　2019 年 11 月
劃撥帳號　50148859
劃撥戶名　采實文化事業股份有限公司
104 台北市中山區南京東路二段 95 號 9 樓
電話：(02)2511-9798　傳真：(02)2571-3298

國家圖書館出版品預行編目資料

專注做事、精簡做人的極簡工作法：聚焦四種職場關係，做關鍵重要的事，不拖泥帶水，過快意人生 / 張思宏著 – 台北市：采實文化，2019.11
296 面；14.8×21 公分 . --（翻轉學系列；22）
ISBN 978-986-507-050-2（平裝）
1. 職場成功法 2. 人際關係 3. 通俗作品
494.35　108015283

原著作名：《極簡關係：職場成功，你需要處理好這四種關係》
作　者：張思宏（@peter 哥）

廣告回信	
台北郵局登記證	
台北廣字第03720號	
免貼郵票	

采實文化　采實文化事業有限公司

104台北市中山區南京東路二段95號9樓

采實文化讀者服務部　收

讀者服務專線：02-2518-5198

boss

colleague

專注做事 精簡做人的 極簡工作法

client

聚焦四種職場關係，
做關鍵重要的事，不拖泥帶水，
過快意人生

張思宏（Peter哥）——著

subordinate

翻轉學 **翻轉學系列**專用回函

系列：翻轉學系列022
書名：**專注做事、精簡做人的極簡工作法**

讀者資料（本資料只供出版社內部建檔及寄送必要書訊使用）：

1. 姓名：
2. 性別：☐男　☐女
3. 出生年月日：民國　　　年　　　月　　　日（年齡：　　　歲）
4. 教育程度：☐大學以上　☐大學　☐專科　☐高中（職）　☐國中　☐國小以下（含國小）
5. 聯絡地址：
6. 聯絡電話：
7. 電子郵件信箱：
8. 是否願意收到出版物相關資料：☐願意　☐不願意

購書資訊：

1. 您在哪裡購買本書？☐金石堂（含金石堂網路書店）　☐誠品　☐何嘉仁　☐博客來　☐墊腳石　☐其他：＿＿＿＿＿＿＿＿（請寫書店名稱）
2. 購買本書日期是？＿＿年＿＿月＿＿日
3. 您從哪裡得到這本書的相關訊息？☐報紙廣告　☐雜誌　☐電視　☐廣播　☐親朋好友告知　☐逛書店看到　☐別人送的　☐網路上看到
4. 什麼原因讓你購買本書？☐喜歡料理　☐注重健康　☐被書名吸引才買的　☐封面吸引人　☐內容好，想買回去做做看　☐其他：＿＿＿＿＿＿＿＿（請寫原因）
5. 看過書以後，您覺得本書的內容：☐很好　☐普通　☐差強人意　☐應再加強　☐不夠充實　☐很差　☐令人失望
6. 對這本書的整體包裝設計，您覺得：☐都很好　☐封面吸引人，但內頁編排有待加強　☐封面不夠吸引人，內頁編排很棒　☐封面和內頁編排都有待加強　☐封面和內頁編排都很差

寫下您對本書及出版社的建議：

1. 您最喜歡本書的特點：☐圖片精美　☐實用簡單　☐包裝設計　☐內容充實
2. 關於鑄鐵鍋或料理的訊息，您還想知道的有哪些？

＿＿＿＿＿＿＿＿＿＿＿＿＿＿＿＿＿＿＿＿

＿＿＿＿＿＿＿＿＿＿＿＿＿＿＿＿＿＿＿＿

3. 您對書中所傳達的步驟示範，有沒有不清楚的地方？

＿＿＿＿＿＿＿＿＿＿＿＿＿＿＿＿＿＿＿＿

＿＿＿＿＿＿＿＿＿＿＿＿＿＿＿＿＿＿＿＿

4. 未來，您還希望我們出版哪一方面的書籍？

＿＿＿＿＿＿＿＿＿＿＿＿＿＿＿＿＿＿＿＿

＿＿＿＿＿＿＿＿＿＿＿＿＿＿＿＿＿＿＿＿

翻轉學

翻轉學

翻轉學

翻轉學